U0099912

Notes on Hong Kong Wine Culture

1841-1851

香港洋酒文化筆記

一八四一——一八五一

王漢明 ◉ 著

序
Preface

漢明兄大作付梓在即，命余寫序，不敢推辭。

此書部份內容，曾在余出版之《酒經月刊》刊登；屈指算來，漢明兄自 2002 年第八號開始，撰寫近 200 年葡萄酒及烈酒在中國流傳逸事，至今 15 年餘，期間無一脫稿，可見其用功之勤。

回想漢明兄第一篇大作刊登時，余這樣介紹的：「西域葡萄酒來華，當始於漢武，明《本草綱目》亦載：『葡萄酒……駐顏色』，惟自滿清入關，葡萄酒似已不復見於中土，迄比利時教士湯若望獻葡萄酒於康熙，葡萄酒始再獲王公大臣青眼。鴉片戰敗，洋人勢熾，洋酒輸入中土日多。通人王君，有心人也，搜羅古籍，整理爬梳，撰成鴻文，重現百年前洋酒入口實況，讀之如飲陳醪，始知干邑曾名為高月，波爾多曾名布而得。如此佳作，不可多得。當開 1928 拉圖佐之。」

15 年下來，漢明兄筆下故事，範圍甚廣，每期必拜讀，興味不減當年，現漢明兄把香港開埠十年前後之史料，輯錄成書，讀來更暢快淋漓，真要找一瓶 1847 年 Lafite，與漢明兄浮一大白。

———— 劉致新
《酒經月刊》創辦人

自序
Preface

第一次在香港出現的洋酒是怎麼樣的酒？誰在賣？誰在飲？有關酒的
討論始見於何時？

這些問題常縈繞於心，疑問從不安守本份，轉化為尋找答案的座標。
2003 至 2007 年間，工餘時大多守在香港中央圖書館五樓，看十九世
紀四十年代香港報紙的縮微膠片，抄錄報紙廣告內的酒名、售價、宣
傳語句、賣貨人名字和廣告以外談及酒的隻言片語。我沒期望建構什
麼宏觀論述，只管一頭栽進陌生時空的文字裡，把疑惑與驚喜記下。

在閱讀旅途中，不但看到或熟悉或不太懂的酒，也遇見陌生的賣酒
人，亦有義正詞嚴地勸戒部屬遠離烈酒的軍人，念念不忘的還有在皇
后道打鼓的醉漢。沉睡在舊報紙裡的故事，給我無窮的閱讀樂趣，意
想不到斷斷續續寫的筆記，今日竟蛻變成書。

書內部份章節曾經載於《酒經月刊》，要是沒有《酒經》總編輯劉致新
先生給我的發表空間，自己準會少了探索香港酒文化的動力，在此感
謝劉先生。

更要感謝香港三聯副總編輯李安的支持與鼓勵，在修訂文稿時給我寶

貴意見。

初撰十九世紀維城酒誌時，太太碧珊正懷著三個月身孕，書出版時，女兒逸雅已快13歲。慚愧許多原該是一家三口共度的時光，都自私地花在閱讀與寫作上，容我把這本書獻給太太與女兒。

前言
Foreword

2008 年 2 月 27 日，香港政府公佈新一年財政預算，將葡萄酒稅率由
40% 減至零，啤酒和酒精濃度低於 30% 的酒類稅率，亦由原來的 20%
減至零，即時生效。政府指出零酒稅有利「香港發展與優質餐酒有關
的各類業務，我們在餐酒貿易、貯存和拍賣方面的生意額，可能有高
達總值 40 億元的增長。長遠而言……可為那些與餐酒貿易有協同效
應的經濟活動，例如飲食服務、旅遊、品牌推廣和展銷、餐酒欣賞和
教育等，創造更有利的發展條件，並可開創新的職位。」[1]

零酒稅實施後短短幾年間，香港酒市場迅速發展。在 2009 年，香港
超越倫敦成為全球第二大葡萄酒拍賣中心，這年間在香港拍賣的葡萄
酒成交額近 5 億港元。2013 年，香港人均葡萄酒飲用量達 5.5 公升，
是全亞洲之冠。在 2008 年，香港葡萄酒進口值為 28.6 億港元，總量
3,043 萬公升，轉口總值 6.9 億港元，容量 699 萬公升。香港在 2016 年
進口超過 120 億港元葡萄酒，總量 6,294 萬公升，轉口總值為 52 億元，
2,704 萬公升。[2]

零酒稅開展了香港洋酒市場的黃金時代，酒漸成流行時尚、優雅生活
的象徵。品酒、論酒、藏酒、學酒成了許多人的閒餘活動，或獨樂尋
趣，或以酒聚友。新酒莊、品牌、酒款不斷湧現市場，目不暇給，香

港愛酒人驟成被寵壞了的孩子，不亦樂乎。

對比市場的亮麗發展，有關香港洋酒歷史的研究卻相對靜默。從經濟角度看，撇除品種的本質差別，各類型的酒最終只是商人利潤的源頭。酒亦是意識形態的載體，不同的信念系統與價值判斷，在不同時空裡影響著人們的飲酒行為與偏好。綜觀過去30年間出版的香港歷史及文化書籍，當中談飲食的部份大多重於二十世紀的近代發展，絕少觸及香港開埠初期的飲食事跡，論者亦都偏向以食為主，飲並非研究重點。

早在十九世紀四十年代英國殖民管治香港初期，洋酒已被引進香港。1841年6月7日，英國駐華全權欽使兼商務總監查理・義律（Charles Elliot）宣佈香港為自由港。不少外國商人對初生殖民地期望甚殷，紛紛運來各類貨物如船舶用品、藥物、建材、家私、衣物、書刊、食品、洋酒等。洋酒並非香港獨有，鄰近地區如廣州、澳門和新加坡早在香港未成為英國殖民地前已有供應。

香港在1844年住了19,009名華人和454名外國人，到1851年人口已增至31,463名華人及1,520名外國人。3當時居港的外國人以英國及葡萄人佔大多數，其他國籍有法國、德國、西班牙和美國等。自香港開埠初期，香港政府逐漸將本地華人與洋人的生活作息地分隔，影響華洋文化交融。在1858年，港督寶靈曾指出「本土居民與歐人幾乎是完全隔絕，不同民族間的交往未有所聞。」4依此推斷，十九世紀四十年代在香港銷售的洋酒，主要顧客是英國及其他歐美居民，並非本地華人。

1844年4月，身在香港的亞歷山大·勿地臣（Alexander Matheson）寫信給供應商，說道：「過去數年中我們一直規勸我們的朋友，不要再把大量葡萄酒及類似貨物輸送到這樣一個國家，除了寥寥數百名外國僑民，這裡沒人需要這些東西……希望這些話能使您接受我們措辭最為強烈的勸告，不要再把拔蘭地、小葡萄乾、通心粉、硫磺、樹脂、啤酒或黑啤之類的貨物送到這裡。」5不管勿地臣是如實告知生意伙伴香港的困境，又或是為了嚇退苦苦相纏的貨商而貶低香港的酒市場潛質，他的信證明了酒在1844年間的香港供應充足。

在1841至1851年間的香港報紙廣告中，洋酒是常見貨品，而且種類豐富，既有傳統歐洲出品，亦有印度和好望角等英屬地區的產品。這十年間，有過百家商行曾經在賣貨廣告中提及酒。當時香港沒有只賣單一類貨品的商人，大家都是雜貨商，縱有商人曾經在廣告中以自稱酒商招徠，他們其實亦兼賣其他貨品。

除了廣告欄目，酒亦出現於報紙刊登的法院判決、讀者來信及轉載自外國報刊的文稿中。報紙刊登過多篇以健康為理據，建議在香港不宜飲烈酒的讀者來信及轉載文稿，這些言論遙遙呼應英國國內的禁酒思潮，酒將香港與西方文化同步連繫起來。

酒並非重要商品，殖民地政府沒留下具體數據及記述幫助我們理解香港開埠初年的洋酒文化點滴。本書以 1841 至 1851 年間流通香港的報紙作研究對象，從賣酒人、酒的種類、酒價、宣傳語句、政府法例、民間意見、外國報刊文章轉載、酗酒案件、私人及官方社交等各個層面，展示香港開埠初期的洋酒文化，給歷史補白。

這裡談的洋酒，泛指所有並非在香港或中國境內生產的酒精飲品，可以是用葡萄或其他果實如甘蔗、蘋果、麥、米等經發酵（如法國葡萄酒、英國啤酒）或蒸餾（如蘇格蘭威士忌）而成的。

本書中引用舊報刊、文獻時提到的外語詞彙，若拼法有與現時通用的不同，皆照原樣收錄，不作修改。書內不足之處，敬希賜正。

註釋

1　2007-2008 年香港財政預算演辭。
2　商務及經濟發展局網頁：http://www.wine.gov.hk/tc/statistics.html
3　陳昕、郭志坤：《香港全紀錄（卷一）》，香港：中華書局，1997，頁 41 及 54。
4　王賡武：《香港史新編（上冊）》，香港：三聯書店，1998，頁 105。
5　法蘭克・韋爾許：《香港史——從鴉片戰爭到殖民終結》，香港：商務印書館，1998，
　　頁 157。

目次
Contents

Chapter

1

西酒東漸

Foreign wines in the Orient

酒是什麼——在十九世紀的英國

The use of wine in 19th century England

在十九世紀中，除了茶和咖啡，酒是英國人的基本飲料。當時，清潔的水源不容易找，城市人甚少喝未煮沸的水，隨著人口擴散，就算在鄉野，水亦可能受污染。直至1870年，不少倫敦人仍相信沒有加入酒精的水是不能喝的。牛奶也並不安全，由於飼料差，奶質普遍不高，許多都摻有雜質，甚至是偽造的。其他飲品如谷咕，在十九世紀中以後才普及。

當時的英國人相信酒精能增強體力，幹粗重工作時不能缺少，鐵匠都有飲酒習慣，收成耕作物時，農夫亦會喝啤酒。

在1820年間，酒精是止痛劑。犯人受鞭笞刑前，可獲准飲酒安撫痛楚。在麻醉劑未流行之前，酒精是牙醫診所和手術室必備的止痛物。在家裡，母親會給嚎哭不休的嬰孩少許酒，使其安寧下來。

酒亦是藥物，例如醫生會建議痛風病患者飲酒作治療。好酒量被視作男子漢的表現，司陶特配蠔更是公認的催情劑。

酒在不同社交場合扮演重要角色。工人階級會讓漸漸脫離少年期的兒子，在眾人面前飲酒，象徵他已長大成人。專業技工如裁縫、鞋匠都喜歡藉飲酒與同業交誼。當一對普通男女朋友在食店共飲，兩人會被看作已進入蜜運階段。

中產家庭都用自家釀的啤酒款待客人，偶爾亦以此獎賞僕人。

信賴酒的人不限於勞動階級，有學識者在需要勇氣面對大場面如演說前，都會事先飲酒壯膽。

英國人在家中沒有開窗的習慣，在室內灑酒可令空氣滯悶的環境變得較為舒適。

在英國北部，當葬禮完結後，大家都會盡情飲酒，以示對死者及在世者的尊重。為了讓出席葬禮的親友可以盡情飲酒忘憂，大家平日會儲蓄些錢，準備將來買酒用。

十九世紀中的英國人，沒有許多消閒選擇，到酒舖與友人談天說地是普遍的消閒方法。一般工人的居住環境大多不太舒適，在酒舖可以享用比自家好的設備例如明亮燈光、暖氣、煮食間、廁所、報紙等，這些設備成為各色人等喜愛光顧酒舖的誘因。

參考資料

–　Brian Harrison: *Drink and the Victorians: The Temperance Question in England, 1815-1872*.Pittsburgh: University of Pittsburgh Press, 1971, pp. 37-43.

廣州、澳門與新加坡

Canton, Macao & Singapore

從一個簡單假設出發：酒是西方人日常飲食所需，有西方人工作或居住的地方，就可能找到酒的蹤影，以下例子可為證。

勿地臣與渣甸

十九世紀二十年代，怡和公司（Jardine, Matheson & Co.）創辦人之一占士・勿地臣（James Matheson）的廣州夷館藏了數千瓶歐洲酒，包括波爾多紅酒、馬德拉、砵酒、些利及香檳。1827年11月9日，他的姪兒亞歷山大・勿地臣，從廣州寫信給當時身在澳門的他，告之將會運一些食物往澳門供其享用，當中包括20瓶櫻桃酒、12瓶香檳、12瓶布根地及36瓶波爾多紅酒。姪兒說在廣州賣的 Gledstanes 牌香檳不可靠，叔叔應可在澳門找到質量較好的。[1]

1832年，威廉・渣甸（William Jardine）僱用因義士（James Innes）運送鴉片往泉州。因義士在雙桅帆船潔美斯娜號（Jamesina）上寫的日記中，記述他在12月5日晚上與船員和買家，不論身份高低，暢飲櫻桃酒及 Hoffman 酒。[2]

VUE INTÉRIEURE DU QUARTIER GÉNÉRAL DES FORCES ALLIÉES A CANTON.

十九世紀的廣州

（1858 年 *L'Illustration Journal Universel*）

《舊中國雜記》的洋酒逸事

自13歲開始在廣州生活的美國人威廉・亨特（William C. Hunter），在其著作《舊中國雜記》中談了幾段關於酒的見聞。亨特說在黃埔港船上工作的外國水手，放假時都會結伴到廣州去找拔蘭地、冧酒及中國氈酒（Mandarin gin）喝，這些酒的成份令人存疑。3

住在廣州的外國人喜歡在農曆新年帶同廚師與僕人，乘船到花地郊遊。亨特在1831年1月27日曾邀請愛爾蘭朋友參加新年聚會，在邀請函中說將有Hodgson牌淡艾爾啤酒、Gordon牌馬德拉及Chateau La Rose酒供享用。4

1829年間，亨特在廣州參加了一個由東印度公司主辦的宴會，席間由英國人占士・坎寧（Jeems Canning）和一位叫阿邦、阿鵬或阿龐（Apong）的中國人負責斟酒。在亨特筆下，這中國人靜靜地小心斟酒——「開瓶塞的巴科斯，漢人的子孫，像菩薩一樣不聲不響，繞著桌子轉。也不問每個客人『能不能喝？』只是一瓶在手，像老鷹那樣盤旋，到處看，到處把酒杯斟滿。」5

亨特以羅馬酒神名字稱呼Apong，看來他的侍酒技巧不太差。占士・坎寧教他斟酒之餘，可會給他講解酒的製法、產地與歷史？相信像Apong這樣藉著為西方人工作學習侍酒禮儀的中國人，普遍存在於當時的外商生活圈，他們可說是中國侍酒師（Sommelier）的先驅。

《廣州紀錄報》的酒價

1827年11月8日的《廣州紀錄報》（*Canton Register*）刊出當時可以在廣州市場找到的食品和雜貨的價格，列出39項物品包括漆油、肥皂、芝士、火腿、橄欖油、麵包、麵粉、餅乾、雪茄、煙草及酒類，當中

十九世紀的廣州
（1858 年 *L'Illustration Journal Universel*）

有14項屬洋酒。

1827年11月8日《廣州紀錄報》刊出的酒類價格：

	價格（西班牙銀元）	單位
Hodgson 牌淡艾爾啤酒	60銀元	木桶
美國艾爾	1¼銀元	每12瓶
拔蘭地	2銀元	每加侖
美國蘋果酒	4銀元	每12瓶
甄酒	9銀元	箱
荷蘭甄酒	6銀元	每12瓶
英國波特啤酒	3銀元	每12瓶
美國波特啤酒	沒價錢	每12瓶
香檳	20銀元	每12瓶
馬德拉	沒價錢	桶
些利	3銀元	每12瓶
優質紅酒	21銀元	每12瓶
普通紅酒	2至2¼銀元	每12瓶
德國白酒	20銀元	每12瓶

澳門的酒

商行 Markwick & Lane 在1832年10月3日的《廣州紀錄報》登了一節廣告，推銷他們在澳門發售的各式百貨及酒類，當中有1825年的 Chateau Lafitte、Chateau Margeaux、Destournel、梅鐸（Medoc）及聖祖利（Saint Julien）紅酒；還有香檳、陳年德國白酒（Hock）、蘇格蘭威士忌、些利、馬德拉、Hodgson 牌淡艾爾啤酒等。

十九世紀法國人記錄的廣州一帶地圖
（1858 年 *L'Illustration Journal Universel*）

葡萄牙人自1557年（明嘉靖三十六年）於澳門定居，在香港殖民地出現之前，澳門是中國境內西方商品例如洋酒的重要市場及集散點。清代道光年間，即十九世紀二十年代修撰的《香山縣志》，記載了當時可以在澳門找到的洋酒種類：

「澳門中洋酒，來自西洋、紅毛、佛郎西諸國者甚多。哪沃酒紅白二色，品最貴；罷欄地酒紅及淡白二色，味最濃，須和水飲，能治跌打刀傷；火酒亦和水飲；白酒、紅酒能壯血；咖酒色黃味苦，能消熱積；利哥酒、巴悉酒、西打酒、亞姑嗹酒、三邊酒、殼酒，俱淡黃；哼酒深紅；亞叻酒色白；甜酒色紅；斤地咖酒、啤釐酒，俱淡紅葡萄釀；金星酒有金屑如星，類多精美，皆名酒，記所未載，物產略。」6

按《香山縣志》，澳門找到的洋酒來自葡萄牙（西洋）、西班牙（紅毛）、法國（佛郎西），當中品質最高的是紅及白的哪沃酒，而紅及淡白色的罷欄地味道濃，飲時要加水，可治跌打刀傷。白酒、紅酒對血液有益。啤酒顏色黃，味道苦，能清熱。以下為部份《香山縣志》談及的酒之英語對照：

罷欄地 Brandy	三邊酒 Champagne	西打酒 Cider
咖酒 Beer	殼酒 Hock	亞叻酒 Arrack
巴悉酒 Barsac	利哥酒 Liquor	
啤釐酒 Cherry Brandy	哼酒 Port	

酒在1836年的新加坡

在1836年間，英屬的威爾斯王子島（檳榔嶼）就曾進口冧酒、拔蘭地和葡萄酒。新加坡在1836年亦分別從英國、歐洲、美國、印度、中國、馬尼拉和爪哇等地輸入葡萄酒、些利、馬德拉、葡萄牙酒、蘋果酒（美國）。7

註釋

1 Alain Le Pichon: *China Trade and Empire. Jardine, Matheson & Co. and the Origins of British Rule in Hong Kong, 1827-1843*. Oxford: Oxford University Press, 2006, pp. 65-67.

2 "Once or twice in the evening to high and low a glass of Mareskino or Hoffman was served." Robert Blake: *Jardine Matheson, Traders of the Far East*. London: Weidenfeld & Nicolson, 1999, p.50. 羅伯布・雷克著,張青譯:《怡和洋行》,台北:時報出版,2001,頁52。

3 亨特著,沈正邦譯:《舊中國雜記》,廣州:廣東人民出版社,第2版,2000,頁3-5。

4 同上,頁15。

5 同上,頁253。原文見 William C. Hunter: *Bits of Old China*. London: K. Paul, Trench, & Co., 1885, p. 230. "While corkscrew Bacchus, son of Han, in joss-like silence walks the table round, nor asks each guest, 'Spose can, no can?' But armed with bottle, swift as eagl's glance he sees – and fills each empty glass."

6 《香山縣志──道光志》卷一＜輿地第一下＞,http://www.zsda.gov.cn/uploads/book/xianshanyuanzhi/xiangshanyuanzhi_daoguang/index.htm

7 T. J. Newbold: *Political and statistical account of the British settlements in the Straits of Malacca*. London: John Murray, 1839, p. 84 & 308.

香港洋酒文化的歷史起點

The debut of wine culture in Hong Kong

香港是冒險之地，權力爭鬥的場所，情感洋溢的空間，過去如是，現在與將來亦然。不同種族的人，因著不同的緣由，曾經在這港口閒逛、等待、居住，這些人可能會在陸上或海面的船上飲過酒。

十九世紀初的香港海面經常有各類船艇停泊——從澳門來的度假船、前往中國途中的商船、走私船和秘密監視南中國動靜的英國軍船。1816年英國的阿美士德使團往中國時，曾在香港島進行調查。十九世紀二十年代的香港是東印度公司船隻在中國南方的主要錨地，船從印度運來鴉片，再用細船轉往內陸。怡和公司的船隻在1837年已開始停泊香港，其公司檔案存有一封占士·勿地臣在1838年8月10日從香港發出的信件。1840年6月，40艘英國戰船及4,000士兵曾結集香港海面備戰。香港在成為英國殖民地之前，不但是聚居澳門歐洲人的假日旅遊點，更是個避難地方，居澳的英國人，每遇上不穩政局時，會驅船往香港附近海面泊錨，暫居船上避險。[1]

編寫歷史的人都愛將事件扣鎖在時間、人物、空間座標，述說始末由來。要確定香港的洋酒飲用歷史的絕對起點是不可能的，假如硬要找一個開端，這起點會是1841年1月25日。當天早上8時15分，來自英國軍艦硫磺號（HMS Sulphur）上的指揮官卑路乍（Edward Belcher）

與隨員於港島西北面登陸，在佔領角即今日的水坑口，舉杯遙向英國女皇祝酒三次，象徵佔領香港。第二天，英國遠東艦隊支隊司令伯麥（James Bremer）率領士兵登陸香港，升起英國國旗。2

1841年1月25日卑路乍舉杯祝酒的儀式，不僅標誌了英國對香港島管治的開始，而且亦象徵了香港洋酒歷史的開展。卑路乍向女皇祝酒時，可有把酒喝掉，又或者只是在高呼天佑女皇過後，把酒灑在地上？那一刻用的是什麼酒？可會是當時英國流行的櫻桃酒、砵酒、冧酒，又或是平民意識較濃厚的啤酒？酒又從何地而來？從英國帶來抑或最近從廣州或澳門買來？

法國船長眼中的開埠香港

1841年間，法國船隻旦雅依德號（Danaide），在前往中國北方途中曾於香港停留三日。同年10月，旦雅依德號的船長迪羅沙邁（de Rosamel）去信法國海軍部長，報告在香港的見聞。1843年6月8日《中國之友與香港公報》（*Friend of China and Hong Kong Gazette*）刊載了這封信的英譯本。

在信中，迪羅沙邁船長稱讚香港是個優秀港口，來自全世界各地的船隻均可以安全停泊。他估計，除了艇戶，香港人口約有14,000至15,000人，而英國駐兵則有五六百人。他說香港政府僱用數百名華人，在這滿佈斜坡及多山的小島築路，一些在廣州經營的英國商行，亦已經在香港興建貨倉。迪羅沙邁認為香港地價太高，呎價接近巴黎最貴的地段，要是廈門、舟山及寧波港能開放給外商，香港的重要性將會降低，那時以高價買地的人將會極度失望。

迪羅沙邁船長指出，葡萄牙的殖民地管治策略有諸多限制，英國的殖民地管治方法卻以自由為本，所以能夠吸引不少中國人遷來香港。在這法國船長眼中，這群生活在香港的中國人，生性墮落，縱情享樂，令到政府批出的用地早已全被咖啡室、食店、酒館（Cafés, eating and drinking shops）、賭坊及鴉片煙館擠滿。

註釋

1 有關早期香港歷史，可參閱王賡武：《香港史新編（增訂版）》（全二冊），香港：三聯書店，2016；劉蜀永：《簡明香港史》，香港：三聯書店，2009；余繩武、劉存寬：《十九世紀的香港》，香港：麒麟出版社，1994。

2 Alain Le Pichon: *China Trade and Empire. Jardine, Matheson & Co. and the Origins of British Rule in Hong Kong, 1827-1843*. Oxford: Oxford University Press, 2006, p. 468.

HONG-KON

ROM THE HARBOUR.

十九世紀陌生的香港景致。哪個街角曾經傳來醉酒客的鼓聲？哪兒是賣酒商人的店舖？
哪艘浮在維港的船曾載著些利與香檳？

Chapter

2

報章與廣告

Newspapers & advertisements

來自澳門的採購廣告

Advertisements from Macao merchants

1841年的香港，命運懸在期盼與不安中，英國朝野並不是完全贊同奪取香港的行動，澳門與廣州商人也沒有蜂擁而至，大家都靜觀香港的發展。

上天沒有厚待香港首批外國居民，7月份的颱風吹倒了英國人搭建的部份房子、醫院與市集。香港的亞熱帶氣候絕非所有初到境者能夠適應，不少人因瘴氣生病甚至死亡。

香港氣候雖然嚴峻，但可喜的是島上的花崗岩極適合建屋築路，來自南中國地區日漸增加的移民，提供大量廉價勞工。不少外商在港英政府首次賣地前，已從島上華人租購地方，興建倉庫與樓房，6月份裙帶路（今日中環）已有多間房屋匆匆建成，香港的第一條馬路——皇后道亦開始動工。

在這年間，澳門是居港外國人一般生活所需及糧油食品——包括酒，的主要供應地。澳門商人約翰·史密夫（John Smith）在1841年5月8日的《廣州報》（*Canton Press*）刊登廣告，公佈將於5月10日星期一早上11時在其澳門店拍賣一批貨物，強調這是澳門居民、香港船長及兵團膳食商（Caterers of Messes）採購廉宜貨品的難得機會。拍賣的貨物有牛舌、豬肉、火腿、酸瓜、芝士、鹽和以下的酒：

- 100 箱荷蘭氈酒
- 20 箱（每箱載 36 瓶）優質棕色些利酒
- 30 箱（每箱載 36 瓶）英國拔蘭地
- 100 箱（每箱載 12 瓶）法國拔蘭地
- 200 箱（分別有每箱 12、24、36 或 48 瓶等包裝）法國波爾多紅酒如 Lafitte、Latour、Lioville 及 St. Julien
- 18 箱茴香酒
- 20 箱（每箱 36 瓶）倫敦裝瓶波打啤酒

史密夫既是拍賣人、零售商亦是經紀，辦事處位於自己經營的旅館 Albion Hotel 內。

除了史密夫，以下澳門商行亦曾經在 1841 年間的《廣州報》及《廣州紀錄報》刊登涉及酒的廣告：

A. A. de Mello (8/6/1841《廣州紀錄報》)	· 加爾各答裝瓶啤酒 · 棕色及淡些利 · 拔蘭地 · 氈酒
B. Lemos (2/10/1841《廣州報》)	· 拔蘭地
C. Fearon (24/4/1841《廣州報》)	· Simpson & Co. 淡些利 · Pitman and Hullock 砵酒 · 英國拔蘭地 · Castillon 陳年干邑

	·拉菲莊（Chateau Lafitte）、梅鐸及玻益區紅酒
	·蘇玳（Sauternes）
	·巴刹（Barsac）
	·櫻桃拔蘭地
C. V. Gillespie （24/4/1841《廣州報》）	·香檳 ·紅酒
Dent & Co. （6/11/1841《廣州報》）	·Keirs & Co. 代理之馬德拉
Edward Bontein （3/7/1841《廣州報》）	·香檳 ·有汽蘋果酒
F. P. Da Silva （8/6/1841《廣州紀錄報》）	·Bass, Alsop 及 Hodgson 啤酒 ·些利
G. De Yruretagoyena （3/4/1841《廣州報》）	·西班牙拔蘭地 ·些利 ·香檳
G. Gonzaga （8/6/1841《廣州紀錄報》）	·英國拔蘭地
Gideon Nye, Jr. （23/1/1841《廣州報》）	·香檳 ·Hope 牌馬德拉 ·Cos. 及瑪高莊（Chateau Margaux）紅酒
Hooker & Lane	·波特啤酒

（8/6/1841《廣州紀錄報》）

· 些利

· 拔蘭地

· 西班牙拔蘭地

· 氈酒

· 馬德拉

· 香檳

· 馬尼拉冧酒

Innes, Fletcher & Co.

（6/11/1841《廣州報》）

· Newton, Gordon, Cossart &Co. 代理之馬德拉

James P. Sturgis

（2/10/1841《廣州報》）

· 拔蘭地

· 司陶特啤酒

· 砵酒

· 些利

· 氈酒

Joao Barretto

（6/11/1841《廣州報》）

· 干邑拔蘭地

· 德國酒

· Chateau la Rose

John A. Mercer

（7/12/1841《廣州紀錄報》）

· 淡些利、金色及棕色些利、阿蒙堤拉多（Amontillado）

· 砵酒

· 馬德拉

· 拔蘭地

· 香檳

John B. Compton

（7/12/1841《廣州紀錄報》）

· Neale of Reigate 淡艾爾

· 馬沙拉（Marsala）

· 些利

John D. Sword & Co. （6/11/1841《廣州報》）	· 馬德拉 · Monongahela 陳年威士忌
Lindsay & Co. （2/10/1841《廣州報》）	· Duff Gordon & Co. 些利 · Gledstanes King & Co. 代理之砵酒、法國 紅酒、德國酒、香檳
P. Townsend, Jr （30/11/1841《廣州紀錄報》）	· 葡萄酒 · 啤酒 · 櫻桃酒（Cherry Cordial） · 威士忌 · 氈酒 · 拔蘭地
William Scott （3/4/1841《廣州報》）	· 加爾各答裝瓶啤酒 · Hodgson 牌啤酒 · Elliot 及 Taylor 牌淡艾爾及司陶特啤酒 · 砵酒 · 些利 · 法國紅酒 · Bucellas · 淡色拔蘭地 · 香檳

維多利亞大街 46 號的記喇士庇

Charles Van Megan Gillespie selling at 46 Victoria Avenue

1841 年 7 月 17 日的《廣州報》首次出現以香港為貨物買賣交易點的廣告，刊登者是記喇士庇（Charles Van Megan Gillespie），推銷維多利亞大街（Victoria Avenue）46 號的一批布、手帕、帽子、咖啡和雪茄等，記喇士庇說貨物適合太平洋島嶼貿易。另方面，他說其倉庫亦存有新近運到的銅、釘、食物與酒。1

記喇士庇的廣告上只簡單寫了「Wine」，沒多作解說，讀者完全沒法知曉所指的是葡萄酒或烈酒。這類不列明品牌與容量的賣酒廣告，想像空間遼闊，在十九世紀中非常普遍。

在香港經營前，記喇士庇曾在澳門營生，他在 1841 年 4 月 24 日的《廣州報》登廣告，推銷一批船底銅包板、航海用麵包、漆油、麵粉、繩索、豬肉、牛肉、糖、咖啡、雪茄、紅酒和香檳等，貨物都載在一艘澳門海面的船上。

有關維多利亞大街 46 號的經營模式我們所知不多，可會是一間有牆有屋頂有貨架的店子，或只是一處堆放貨物的地方加上幾張枱和椅子？2

自維多利亞大街46號開業後，記喇士庇不斷刊登廣告，推銷建築材料、漆油、酒、茶葉等，他是1841年在《廣州報》刊登廣告數量最多的香港商人。除了維多利亞大街46號，這年間《廣州報》中涉及以香港為貨物交易點的廣告並不多。怡和洋行由8月份起一直長期登廣告，推銷其貯在島上的建築材料。8月及9月份，有兩艘船的船長分別刊登失物待領啟事，聲稱他們在港海尋獲纜索與船錨，失主只要付報酬便可取回失物。

這一年，生活在香港的外國人若要購買洋雜貨，維多利亞大街46號可能是唯一的選擇，不然捨近取遠，只得繼續往澳門尋。記喇士庇的「壟斷」局面大約維持了半年，1841年12月底的《廣州紀錄報》刊登了 Jummojee Nasserwanjee 行的廣告，稱他們在怡和洋行維多利亞大道的倉庫，售賣拔蘭地、葡萄酒、香水、衣服、望遠鏡和指南針等貨物。

記喇士庇的中文廣告

記喇士庇在1842年3月24日的《中國之友與香港公報》內刊出了四段廣告，其中一段指出維多利亞大街46號的花崗石倉庫，將於4月1日起以低廉租金出租。另外兩段廣告則分別推銷四方鐵條及英國布，廣告均附有中文翻譯：

「有各樣英吉利布發賣不論買多少亦可在記喇士庇行內」

「花旗記喇士庇行有四方鉄條發客闊一寸或八九分不等能做屋內器料什物俱可合用」

在當時的英文報紙刊登中文廣告並不常見，這是否反映在1842年初，布與鐵材的交易涉及中國買手或經紀人，而洋酒及其他貨物的交易買賣則集中在洋人手上。

記喇士庇於《中國之友與香港公報》
刊登的中文廣告

註釋

1 "ON SALES by C. V. Gillespie, 46 Victoria Avenue an Invoice of goods suitable for the trade to the Islands in the Pacific Ocean; consisting of Turkey Red Cloth......; also in Godowns, Sheathing Copper, Nails, Provisions, Wines and other stores by recent arrivals. Hongkong July 1841"

2 施其樂先生指出維多利亞大街 46 號地段是納京斯船長（Capitan Larkins）於 1841 年 6 月 14 日香港政府首次土地拍賣中投得，然後租予美國人記喇士庇。記喇士庇在 1843 年把生意賣掉，離開香港。施其樂：《歷史的覺醒 香港社會史論》，香港：香港教育圖書公司，1999，頁 154-156。

陸上店面與泊岸貨船

Store on the island and sale on board

在1841年7月17日的《廣州報》，除了維多利亞大街46號的記喇士庇廣告外，還有兩則由停泊在香港海面的貨船船長刊登的廣告。

第一艘船的名字叫珍（Jane），載有豬肉、牛肉、麵粉、麵包、漆油、釘、繩索、銅、朱古力、咖啡、雪茄、香檳、些利酒和法國紅酒。船泊在政府碼頭，購貨者可聯絡船長富寧先生（Captain Fowling）或記喇士庇。

另一艘是泊在文信樓（Mansion House）旁邊的阿美利加號（America），載有豬肉、牛肉、麵粉、牛油、酸瓜、醋、鴨、漆油、瓶裝及桶裝些利酒。購貨者可聯絡船長霍斯先生（Captain Fox）或記喇士庇。

1841年7月24日，《廣州報》重刊了7月17日的三段廣告，當中「維多利亞大街46號」及「珍」的內容沒有改動。而「阿美利加」的一段，卻有兩處修改：首先，在聯絡人部份刪去船長霍斯先生的名字，令記喇士庇變作貨物交易的唯一接洽者。其次把原先「船上發售」（Sale on board）語句改為「從阿美利加號卸下」（Landing from ship AMERICA）。由這些語句的修改推斷，阿美利加號的船長，在船離港前可能把還未賣出的貨物寄賣或售予記喇士庇。

1841年7月17日《廣州報》的三段售貨廣告，展示了兩個共存於香港開埠初期的交易空間：酒以及其他貨物可以在港島上的固定交易點——維多利亞大街46號，或從錨泊於港島海域上的貨船購得。估計這兩個交易空間並不相互排斥，每當有船泊港時，港島上的商人可能會接觸船長，自薦當他們的中介人，幫忙在港尋找買家，賺取經紀佣金。貨船大多以中國口岸為最後目的地，因此只會暫留港一段時間，假若離港前還未能賣出貨物，船長可能會把部份貨品售予或寄賣予港商，待結束中國航程後，船隻回程經過香港時再取回貨款。

THE
CANTON PRESS.
VOL. 6, No. 42.]   *Macao, Saturday, 17th July, 1841.*   [No. 302.

PUBLIC AUCTION.

ON WEDNESDAY NEXT, THE 21ST JULY.

HOOKER & LANE.

will sell to the highest bidder

BY PUBLIC AUCTION.

Lisbon Wine in quarter casks, Brandy in casks, Gin in ditto, Sherry, Madeira, Claret, Teneriffe, European-made Coats and Trowsers, Irish Linen, Casimere, Cloth, Silk and Felt Hats, Paints, Cheese, Hams, Preserved meats, Glassware viz : Tumblers, Wine glasses, Decanters and Lamp chimnies, and various other articles that may offer.

The Sale will commence at 11 A. M.

TERMS—CASH, at 7¢.

N. B. Notice is further given that Messrs HOOKER & LANE will hold a weekly Auction in the t Auction-rooms where all goods will be received to be sold at limit or unlimited.

Macao, 8th July, 1841.

PUBLIC AUCTION.

Early this month, (of which due Notice will be given) JNO. SMITH will sell in his Auction room, a large lot of Sherry, Port, Claret, Champaign, Porter, Rasberry and Strawberry Jams, Marmalade, preserved Oysters, Salmon, and Soups, in tins ; Glas- & Crockery-ware, Cbeeses, &c.

PUBLIC AUCTION.

JNO. SMITH begs to inform, that he will sell (some time this month) the HOUSEHOLD FURNITURE &c. belonging to a gentleman lately deceased. Further particulars will be published hereafter, and intimated where the sale will take place.

Macao, 2nd July, 1841.

NOTICE.—The Subscribers have been appointed Agents in China, of the INDIAN INSURANCE COMPANY of Calcutta.

Canton, 1st July, 1841

AUGUSTINE HEARD & Co.

NOTICE.—Mr. RODNEY FISHER has this day been admitted a partner in our establishment.

MACVICAR & Co.

Macao, 1st July, 1841.

OVERLAND LETTERS.

Alexandria, 20th February, 1841.

My Dear Sir,

I have the satisfaction of informing you that letters thro' my agency of 31st October last from Bombay were distributed in London 8 days before the Government Despatches and the general Mail of that date.

I have also the satisfaction to inform you that the Steamer which left Suez on the 1st November at Sunset, took 10 days later letters and Newspapers thro' my agency only, than the Governments Mail.

I beg that you will do me the particular pleasure of the insertion of this to you in the *Canton Press.*

With compliments

I remain your obliged friend

THOMAS WAGHORN.

Messrs HOOKER & LANE,
China.

NOTICE.—The undersigned has established a house of agency in China, under the firm of REINVAAN & Co.

H. G. J. REYNVAAN.

Macao. 15th June, 1841.

NOTICE.—Mr. THOMAS WAGHORN having appointed Messrs HOOKER & LANE his Agents in China, the latter beg to inform the Public that they will receive and forward all such letters as are to be sent via Egypt through Mr. Waghorn's care against the payment of half a dollar for a letter not exceeding 1 Sicca Rupee weight—One dollar per letter not exceeding 2 Sicca Rupees weight, and so on in proportion to the weight of letters. Mr. Waghorn engages to forward all letters sent through him by the earliest opportunity.

HOOKER & LANE.

Macao, 9th April, 1841.

FOR SINGAPORE AND CALCUTTA.

THE fast sailing new Barque CITY OF PALACES Capt. SHERIFF will meet with quick despatch. For freight or passage apply to

DENT & Co.

Macao, 28th June, 1841.

FOR FREIGHT OR CHARTER TO ANY PART

偉臣行二三事

D. Wilson & Co.

1843年的《中國之友與香港公報》版面比1842年豐富，廣告數量亦多一倍，然而不少涉及商戶倒閉、合夥關係終止、追債索償，當中可能會令人困惑的是開業僅一年半的 D. Wilson & Co. 突然結業。

未能確定 D. Wilson & Co. 有沒有中文名，暫譯為偉臣行，公司在1842年4月7日《中國之友與香港公報》刊登開業廣告，詳列近百種糧雜貨品（包括酒），是《中國之友與香港公報》創刊以來篇幅最大的廣告。設在皇后道倉庫的偉臣行，以糧雜貨商（General Store-Keepers）之名開業，公司稱能夠以現金從倫敦和加爾各答入貨，亦可直接由波爾多、埃佩爾奈（Epernay）、波爾圖（Oporto）、卡地斯（Cadiz）及馬德拉（Madeira）輸入各類酒，再透過加爾各答總公司旗下貨船 Algerine 號運來香港，所以價格與品質絕對有保證。公司亦計劃經營旅館，並將仿效倫敦主要會所模式，在香港開設置有桌球及報刊室的會所。

在偉臣行4月7日的開業廣告，曾經出現以下酒類及品牌：

- Allsopp, Campbell 牌桶裝及
  瓶裝啤酒
- 瓶裝法國淡色啤酒

- 陳年氈酒
- 老湯姆氈酒
- 蘇格蘭威士忌

D. WILSON & CO.

WINE BEER & SPIRIT MERCHANTS,
OIL & ITALIAN WAREHOUSEMEN,
AND

GENERAL STORE—KEEPERS,

have in Store for Sale Brushes of all kinds, Cutlery,
Hardware, Iron-mongery, Carpenters' and other tools,
Perfumery, double barrelled Percussion guns, a few
Medicines, Percussion Caps, diamond grained Gun-
powder, Powder Flasks, Shot Belts, Hunting Whips',
Stationary, Glass and Crockery-ware, Thermometers,
Looking-glasses, Window Glass, Linen and Woollen
Drapery, Kid Gloves, Beaver Hats, Grocery, Boots
and Shoes, Paints and Paint Oil, Wines, Spirits, Beer,
Oilmans' Stores, Plain and Fancy Buscuits, Cheroots,
Ships' Blocks Pigs of Lead, Fire-wood, Spiced Beef,
French Truffles, Glaziers' Diamonds, Effervescing
Powders, Navy Beef and Pork, Humps, Rounds and
Briskets, Kegs of Butter, &c. &c.

In addition to the above business they have
just opened their

AUCKLAND HOTEL.

and respectfully solicit the kind patronage of the
Officers of H. M. and H, C. Army and Navy, and
the Residents of Hong-kong.

HONG—KONG.
10th. Nov. 1842.

- 蘇格蘭老湯姆氈酒
- 桶裝倫敦波特啤酒
- 瓶裝都柏林斯圖特啤酒
- Moet 香檳
- Peter Domecq 棕色些利

- Cockburn, Carbonell & Co. 砵酒
- Knudsden 櫻桃拔蘭地
- 波爾多茴香酒
- 蘋果酒

1842 年 11 月，偉臣行的奧克蘭旅館（Auckland Hotel）在香港開業。

自 1843 年 1 月 1 日，偉臣行在報紙廣告自稱為「啤酒、葡萄酒與烈酒商，意大利糧油雜貨商，旅館及店東」（Wine, Beer & Spirit Merchants, Oil & Italian Warehousmen, Hotel and Store Keepers）。

1843 年 6 月 1 日，偉臣行辦的會員制桌球室（Billiard-Room）開始營業。8 月 1 日起，桌球室開放給公眾使用，1 元玩八局，晚間收費貴一倍。

1843 年 8 月 21 日，偉臣行宣佈結束旅館業務，並把旅館房間轉為佣金制賣貨場（Commission Sale Rooms），售賣他們從加爾各答及倫敦分公司運來的貨品。關閉旅館後，偉臣行計劃把桌球室及賣酒經營權租予他人。開業不足一年偉臣行便把旅館轉作拍賣房，是否因為拍賣生意比旅館較為有利可圖？

1843 年 11 月 16 日偉臣行委託 P. Townsend 拍賣包括啤酒、香檳、櫻桃拔蘭地、威士忌等所有存貨。在同日另一段啟事，偉臣行宣告其僱員包亞（J. C. Power）已離職。包亞很快便另立門戶，在 12 月已刊出賣酒廣告，1844 年 5 月 1 日他把整盤生意賣給連先生（T. A. Lane），自己則轉投 Veysy & Co. 當合伙人。這位連先生就是後來的連卡佛公司（Lane Crawford）的其中一名創辦人。

酒具的藝術

The art of serving wines

在十九世紀，不少酒是以木桶盛裝，飲桶裝酒時，人們會先從木桶把所需份量的酒轉到玻璃瓶，然後蓋上瓶塞待用。至於原本以酒瓶盛裝的酒，當時的造酒人都不重包裝，酒瓶並沒有精緻設計的酒標與瓶頸封；為求美觀，人們會把酒轉到醒酒壺才放上餐桌。不論原本以木桶或酒瓶盛裝，酒貯存一段時日後會產生沉澱物，講究的飲酒人會把酒倒進醒酒壺才飲。

飲不同種類的酒時，歐洲人會用不同的酒杯。十九世紀法國暢銷食譜《鄉郊與城市女廚師》（*La Cuisinère de la champagne et de la ville*）的作者路易・昂士他・奧度（Louis-Eustache Audot）談款待禮儀時曾建議：

「每位客人的碟旁應分別擺放普通玻璃杯、飲波爾多用的有腳杯、飲馬德拉用的小杯和香檳杯。飲酒時假若沒有僕人在旁侍候，主人會主動把酒瓶傳給身旁客人，讓客人按需要給自己倒酒，然後客人各自將酒瓶傳給鄰座，如是者大家逐一互傳酒瓶取酒。」[1]

在十九世紀四十年代的《中國之友與香港公報》廣告中，不難找到玻璃瓶、瓶塞、醒酒壺和酒杯的蹤影：

廣告刊載日期及賣貨人	廣告述及的酒具
7/7/1842 C. Markwick	空瓶子及瓶塞
20/4/1843 John Burd & Co.	瓶塞
20/4/1843 P. Townsend, & Co.	最好的雕花水晶醒酒壺、紅酒壺及水壺，有不同優雅設計。
8/6/1843 D. Wilson & Co.	醒酒壺
8/6/1843 C. W. Bowra	瓶塞
13/1/1844 Disandt & Tiedeman	法國及英國瓶塞
25/5/1844 Dickens & Co.	柔軟法國瓶塞
22/6/1844 N. Boulle	啤酒塞，3.5元1,000個。
9/11/1844 Mc'Ewen & Co.	葡萄酒酒杯
31/5/1845 C. W. Bowra	精選雕花玻璃器皿包括平底杯、葡萄酒、紅酒及香檳杯、手指杯、鹽瓶等。
28/6/1845 W. H. Franklyn	精選豐富雕花套裝杯
9/7/1845 J. Kains	1元一打無花紋平底杯、0.75元一打無花紋葡萄酒酒杯。
20/8/1845 D. Chisholm	專利註冊印度橡膠塞
27/12/1845 Phillips, Moore & Co.	套裝雕花玻璃器皿包括夸脫及品脫醒酒壺、平底杯、葡萄酒、紅酒、香檳、德國酒及甜酒杯。
31/3/1847 Drinker & Heyl	款式豐富的玻璃器皿包括雕花玻璃醒酒壺、平底杯、葡萄酒酒杯、果碟等。

在倫敦經營的英國皇家玻璃公司（British Imperial Glass Company）於1845年8月20日《中國之友與香港公報》刊登廣告，宣稱能為中國商人生產合適之玻璃產品。根據廣告，普通玻璃製的碗碟、甜點用具、平底杯、高腳杯（Goblet）和醒酒壺等，英國交貨價是每英擔（Cwt）30至56先令，加上機械刻紋的話，每英擔交貨價為36至70先令。燈罩、

壺、葡萄酒酒杯及其他輕型物品交貨價為 70 至 120 先令。用綠色玻璃製的葡萄酒瓶及艾爾啤酒瓶之英國交貨價，每噸 8 至 10 英鎊。英國皇家玻璃公司亦可生產黑曜石、藍寶石、綠寶石、紅寶石、水晶和蛋白石等不同顏色的玻璃製品。

十九世紀四十年代香港報紙的酒杯與醒酒壺廣告甚少描述物品樣態，英國皇家玻璃公司的黑、藍、綠、紅，或可權充讀者的想像框架。

註釋

1　奧度（1783-1870）是法國知名園藝家，擁有出版社，發行自己編寫之園藝手冊。1818 年，他編寫了名為《鄉郊與城市女廚師》的烹飪小百科，從 1818 年初版到 1901 年，合共再版了 79 次，意大利文譯本出現在 1845 年。書的部份內容早於 1836 年被譯載在美國費城出版的一本食譜。本文引自 1862 年的第 42 版法文版。

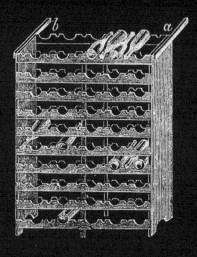

① 擺放瓶裝酒的架

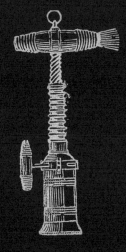

② 比一般螺旋形酒鑽更講究
的開瓶器

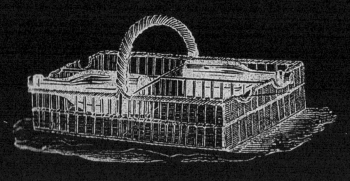

③ 携酒瓶用的藤籃

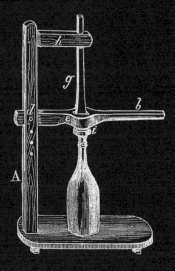

④ 給瓶子加進酒塞的器具

⑤ 供放置潔淨後之酒瓶的
晾乾架

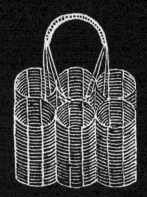

⑥ 携酒瓶用的藤籃

冰這回事
Ice

享受凍酒的慾望

在香港開埠時，市場已容易找到香檳與白酒。在不缺乏冰供應的歐洲地方，把這些酒先弄凍才飲是理所當然的事；然而在年中近半時間受炎熱天氣纏繞的香港，大家會怎樣面對凍飲這回事？假如在十九世紀香港一個盛暑天，想飲凍香檳的人找不到冰，他可會把香檳瓶像西瓜般置於小籠，然後放在井裡，或浸在岸邊、沙灘，待飲用時才撈起？又或是大家都習慣飲不凍的香檳與白酒，犯不著花時間找方法把酒弄涼？享受凍酒的慾望，可會是冰在香港出現之其中一個原因？

葉靈鳳先生在上世紀五十年代出版的《香港方物志》有〈冰與雪〉一文，記述香港的冰供應歷史。夏曆（梁濤）先生在 1989 年出版的《香港中區街道故事》內亦有談及雪廠街史料。綜合兩位的研究，丟杜公司在 1845 年從美國運冰塊到香港，貯藏的地方在今天的雪街廠附近，地由政府免費提供，限期 75 年，條件是經營者要以廉價售冰塊給醫院。1 兩位先生的記述著重談冰的醫療功能，如給受暑熱侵襲的病人敷頭降溫，並沒談冰給早年港人帶來的生活享受，令人感覺冰在香港的出現純粹源於醫療需要。以下筆記或可權充香港冰供應歷史的歡愉註疏。

舟山來的冰

1843年2月23日，《中國之友與香港公報》報導首次有冰運來香港，冰從 Omega 號貨船卸下，船是來自舟山。報導沒談冰屬哪家商行擁有，但指這批冰只供私人使用，未惠及其他居民，希望政府也能像加爾各答、孟買和馬德拉斯般，在香港興建冰屋（Ice house），增加冰的供應量，控制價格。

這批從舟山群島運來的冰，極可能產自中國。蘇格蘭園藝家霍羅拔（Robert Fortune）在其1847年出版的《華北諸省漫遊三年記》（*Three Years' Wanderings in the Northern Provinces of China*），記述他在1844年間曾於寧波、上海、舟山等地測試過不少冰屋，確證中國冰屋有極高的貯藏能力。[2]

冷凍管

皇后道9號的華龍先生（Mr. Waulung），在1844年5月25日《中國之友與香港公報》登廣告推銷冷凍管（Cooling tubs），他說港人求冰心切，新發明的冷管是替代品（Substitute），但他沒有解釋冷凍管如何操作。廣告在往後日子沒有再出現，未知冷凍管最終可有在港流行過。

冰凍香檳

英國皇家海軍響尾蛇號的軍醫愛德華・克里（Edward Cree），在1845年5月5日的日記中，述及在香港參加大型派對，會場有冰凍（Iced）香檳、豐富晚餐與綠茶賓治供享用。[3]克里飲凍香檳時，香港還未有給大眾供應冰的地方，那杯香檳的冰是哪兒來的？是冷凍管？還是舟山冰？

冰屋

1845年5月17日，《中國之友與香港公報》報導港府落實興建冰屋，貯藏由美國運來的冰塊。運作資金將以招股集資，其中10股由醫院持有，投資者於首年可獲免費供應一定數量的冰。報紙編輯說冰可以令人們生活過得舒服，冰在香港亦是一種奢侈品，是炎熱夏季和秋季時發燒及其他病症的難得解藥。

1845年8月9日的《中國之友與香港公報》有售冰啟事，指冰屋每天早上5至8時及下午3至6時營業，每磅冰售價5仙，經紀人是 L. A. Stone。在10月25日的廣告中，在高街2號經營的 L. A. Stone 繼續招收冰屋股東。

據1846年香港藍皮書，香港於1845年間從美國波士頓進口85噸冰、20個冰箱（Refrigerator）、12隻冰鈎、兩隻冰鑿等工具。

1847年7月28日，《中國之友與香港公報》報導運冰船 Ashburton 號抵港，並批評冰船於3月9日由美國波士頓出發，抵港時夏天已過了一半，冰將不能盡用，建議明年船應在1月中前啟航。

1847年8月3日，冰委員會（Ice Committee）公佈冰已抵港，冰屋將於每天早上5至7時及下午2至4時開放。會員冰價每磅5仙，非會員冰價每磅6仙，最少要買兩磅。

1848年4月22日，Drinker & Co. 稱剛從 Hamilton 號卸下數個保存冰塊用的冰櫃或冰盒。

1848年4月25日，Drinker & Co. 公佈，整個夏季都買冰的訂戶，可享每磅3仙的冰價，其他非固定客戶冰價則為每磅4仙。冰重25磅以上

NOTICE.

THE ICE being now all landed is ready for Sale at *three Cents per lb.* in parcels of not less than 5 lbs. each.

HOURS OF DELIVERY,

Morning, from sun-rise to 7 o'clock.
Afternoon, from 4 to half past 6 o'clock.

Ice House, Victoria,
9th July, 1850.

的訂單，會於早上 4 至 8 時送貨，25 磅以下的訂單，則可於任何時間送運。

1849 年 6 月 30 日報載，冰價將於 7 月 1 日調整至每磅 5 仙，可於日出至日落間送運。

1850 年 7 月 9 日冰屋廣告，冰價每磅 3 仙，以每包最少五磅裝發售，送運時間為每天日出至早上 7 時及下午 4 時至 6 時 30 分。這年一份《中國之友與香港公報》賣 2.5 毫，中國米每斤 3 仙，牛油每磅 10 仙，牛扒每斤 10 仙，鴨蛋每打 10 仙，一打啤酒 2.5 元。

冰的衍生服務

1848 年 6 月 14 日，英國旅店（British Hotel）的 Winniberg 先生在《中國之友與香港公報》刊出廣告，說因應不少朋友之要求，在旅店開闢了可以讓客人隨時享用冰的房子。旅店亦可送冰往香港各區。

在 1848 年 6 月 22 日《中國郵報》的廣告中，德己立街的糖果及糕點師（Confectioner and pastry cook）Shaik Peroo 先生，稱可製作各式雪糕及糖果。

註釋

1   葉靈鳳：《香港方物志》，香港：中華書局，2011。夏歷：《香港中區街道故事》，香港：三聯書店，1989。

2   Robert Fortune: *Three Years' Wanderings in the Northern Provinces of China*, London: John Murray, 1847.

3   Susanna Hoe: *The Private Life of Old Hong Kong*, Hong Kong, Oxford University Press, 1991, p. 42.

桌球室、麵包師、旅店與酒館

Billiard rooms, bakers, hotels & taverns

在十九世紀四十年代的香港，要買酒並非難事，除了買回家喝，亦可在消閒的地方享受。

桌球室

1843年8月17日，安達臣（J. N. Anderson）在《中國之友與香港公報》刊登廣告，宣傳他在皇后大道布利先生（Mr. Boulle）店旁新開設的葡萄酒烈酒批發零售店（Wholesale and retail wine and spirit store）及桌球室（Billiard room），桌球室既寬敞且空氣流通，歡迎城中男士、海陸軍軍人光顧。9月14日廣告再出現，然而刊登者變了威廉·畢斯（William Buist）。

酒舖與桌球室設在同一地點，原因可能是兩者的客人性質相若。未知酒舖與桌球室是否有牆分隔，又或融為一體，讓客人可以一邊打球一邊飲酒？

1843年10月5日的《中國之友與香港公報》有兩則基斯杜化先生（Mr. Christopher）的廣告，其一宣傳他在香港市集（Hong Kong Market）對面新開的桌球室，但沒有提及是否有酒供應。另一廣告說他擁有莊嚴的靈車,可提供殯儀服務。1845年12月27日基斯杜化再登廣告,說在皇后道開設食店（Refreshment rooms）,供應價錢相宜之早、午、晚餐,價目表掛店外,店內亦備有英國及本地報紙。

1846年5月2日Holmes & Bigham刊登廣告宣傳其新開的桌球室,內有一流的瑟斯頓（Thurstons）石板桌球枱,地址在駐港英軍總司令德己立住宅的東面隔兩個單位。在同年7月18日的廣告中,J. C. Buchanan說開了間桌球室,內有冰凍蘇打水及有汽檸檬水供應。1847年3月31日,有署名W. X.者登廣告租售瑟斯頓桌球枱連完整一套球桿及燈等,月租25元。

麵包師、糕點廚師

與十七世紀英國哲學家同姓名的麵包師大衛・休謨（David Hume）,在1843年4月20日的《中國之友與香港公報》刊登廣告,說可以為將要離港的船隻製造能夠保存10至12日的麵包,船離港前24小時落訂單便成。休謨亦可代客焗製肉批與果撻,顧客只需預先把盛批用的盤子拿到其店子便成,他的店位於皇后大道阿蘭臣貨倉（Allanson's Godown）對面。他在6月15日的廣告說其所造肉腸,品質無異於英國埃平（Epping）出品。休謨再在7月27日的廣告稱,剛獲政府批准開設食店（Eating house）,如一切順利,將於短期內開業,店會提供最好的艾爾及波特啤酒,每日下午1時起營業。

同年6月15日的《中國之友與香港公報》有兩則麵包店開業廣告,布利（N. Boule）主持的英式麵包店（English Baking Establishment）,麵包每磅賣六仙,可送到客戶住處。另外自稱麵包師、糕點廚師（Baker, pastry cook）的梅維（J. Mc. Murray）,說可按顧客需要焗製麵包、糕點、船用餅乾等,交貨快,店位於W. Scott貨倉對面。他在8月17日的廣告補充,烘焙服務由早上11時開始至下午5時為止。

糕點及糖果師（Pastry cook and confectioner）艾華士（J. Edwards）在1844年11月9日的報紙刊登開業廣告，稱常備縫紉物品、香水及糧油雜貨等發售，地址是新中國街（New China Street）1號。

Edward Hall 在1847年3月31日的廣告稱，從 Candace 號卸下400桶優質美國麵粉供售，另外他可製作十字包（Hot cross bun），接獲訂單後，兩天可交貨。

旅店

新加坡的倫敦旅館（London Hotel）東主段湯關先生（Mr. Dutronquoy）在1842年7月7日的廣告上稱，將會沿用新加坡的經營模式在香港開設同名旅館。8月11日，有一則沒標示登稿人名字的廣告，說倫敦旅館有以下的酒發售：Claret Chateau Larose, Champagne, French Cognac, Sherry, Liqueurs, Beer, Porter, Champagne Cider。廣告沒說酒是否供客人在旅館內進餐時享用，或是某個有酒賣的商人暫時用旅館作聯絡點。

盧柏斯（Januario J. Lopes）在1844年4月20日《中國之友與香港公報》刊登了兩則廣告，其一說他的滑鐵盧旅館（Waterloo Hotel）及佣金制代銷場（Commission room）在4月15日星期一開業。另一廣告指其旅館有法國紅酒、拔蘭地、香檳、砵酒、波特、些利、利口酒、芝士、馬尼拉雪茄、蠟燭、牛油等出售。

在1845年7月19日之報紙廣告，J. C. Vincent 指廣東旅館（Hotel Canton）內有一張桌球枱連同齊全球桿及球以平價待售。

在1845年5月31日《中國之友與香港公報》，米高‧加百列（Michael Gabriel）說將會把皇后道以南不遠處、嘉咸街街角的一間寬敞房子改成旅館，名為英國旅館（British Hotel），內有一張瑟斯頓桌球枱。在

1846 年 7 月 18 日的廣告，加百列稱歡迎單身及家庭住客，旅館低層向海房間的膳宿費（Board and lodging）為每月 35 元，樓上較大房間的膳宿月費則要 60 元。英國旅館可供應葡萄酒、烈酒及啤酒。同日，加百列在另一廣告稱，計劃在耆英樓（Keying House）經營旅館，內有臨海的桌球室，日間打球收費 ¼ 盧比，晚上則收半盧比。

加百列在 1847 年 2 月 27 日的《中國之友與香港公報》公佈快將離開香港，希望欠他錢的人盡快還款，而需要他付款的人亦應盡快給他賬單。同日 Bush & Co. 登報為英國旅館找買家或承租者，新經營者可於 4 月 1 日起使用物業。

1848 年 10 月 19 日，亨利‧馬田（Henry Martin）在《中國郵報》登廣告宣傳其新開的香港旅館（Hongkong Hotel），位處皇后道、香港藥房（Hongkong Dispensary）對面，收費廉宜。廣告指旅館設有桌球及美式保齡球，但沒有談酒。

酒館

1848 及 1850 年的《香港便覽》（*Hong Kong Almanack*）分別刊出 14 及 12 間酒館（Tavern/Inn）的名字，當中有八間名字相同，而只有一間酒館（彩虹酒館，Rainbow Inn）之負責人沒改變。

1848 年《香港便覽》列出的酒館資料：

酒館名字	負責人
Albion Tavern	W. H. McConnell
Bee-hive Tavern	George McQuin
British and American Inn	Anthony Rodrick

Britannia Tavern	Giovanni Gachi
Crown and Anchor Tavern	David Simeon
Commercial Inn	John Cockerell
Fortune of War	George E. Jones
London Tavern	John Benson
Neptune Tavern	George Mills
Phoenix Inn	John Meredith
Pilot Boat Inn	Henry Willson
Prince of Wales	Robert Hemming
Rainbow Inn	Matthew da Costa
Victoria Tavern	Henry Hart

1850 年《香港便覽》列出的酒館資料：

酒館名字	負責人
Albion Tavern and Livery Stables	Robert Neil
The British Queen	Alexander Lyons
Britannia Tavern	Antonio Brown
Crown and Anchor Tavern	Thomas Steele
Fortune of War	J. Maclehose
King William Tavern	John Young
London Tavern and Boarding House	William Martin
Pilot Boat Tavern	Ricardo Suaicar
Nemesis Tavern	J. McVittie
Prince of Wales	Robert Henning
Rainbow Inn	Matthew da Costa
Ship Tavern	William Penfold

善用廣告的嫣尼斯

J. Iness the clever advertiser

假如嫣尼斯撰寫回憶錄，她在香港的生活準會佔有特別篇幅。1850年
年初，她連續數月在《中國之友與香港公報》首頁刊登佔 ¼ 版面的廣
告，是該報篇幅最大的廣告，同年10月，她結束生意，離開香港。

Susanna Hoe 在其著作《舊日香港生活：1841-1941年間英國殖民地的
西方女性》(*The Private Life of Old Hong Kong: Western Women in the British
Colony, 1841-1941*) 中指嫣尼斯全名 Jane Iness，1846年從澳州雪梨移居
香港時是位寡婦，以經營麵包店維生，1850年再婚，然後離港。[1]

事實上，嫣尼斯在香港生活時，除了麵包亦賣過包括酒的多類貨品，
今日讀她在1847年11月至1850年9月間《中國之友與香港公報》刊登
的廣告，或可為其香港故事添註釋。

嫣尼斯的廣告流水帳

1847年11月17日，愛德華荷（Edward Hall）刊登報章啓事，宣告把麵
包糕餅及雜貨店生意轉讓給嫣尼斯。

嫣尼斯的首個廣告亦刊於11月17日，沒留心看的話，讀者可能會誤

當這廣告是舊稿重刊，因為愛德華荷自 5 月尾至 11 月初斷續地在《中國之友與香港公報》刊登的廣告，排版與內容和媽尼斯的首個廣告近乎相同，唯一分別是在他的廣告中，咖啡是來自馬尼拉的，而媽尼斯賣的咖啡則是爪哇出品。

致船長及船主

本人之皇后道貨倉有船用物品供售：桶裝麵粉、一級及二級船用餅乾、馬尼拉餅乾、馬尼拉朱古力及馬尼拉雪茄。

選擇豐富的糧油雜貨，包括酸瓜、醬汁、果撻、果醬、糖果、醋、葡萄乾、梅子、牛油、芝士、火腿、煙肉、牛脷、鹹牛肉、醃製肉和魚；葡萄酒、烈酒、艾爾及波特啤酒；煤以噸計發售。

亦有數袋極香濃瓜哇咖啡。

媽尼斯

前愛德華荷店

注意：可供應船用餅乾，數量不限，於取貨前數天訂購即可。

維多利亞城，1847 年 11 月 16 日

1848年1月12日

廣告兩則，其一推銷從 Minstrel 號卸下的鹹魚，另一如下：

標題：SHIPS IN HARBOUR（港口船舶）
內容：嫣尼斯店有桶裝麵粉、5元一擔的船用餅乾及1元15條的麵包供應予港口船舶。

1848年3月25日

廣告兩則：

標題一：CHEAP BREAD（廉價麵包）
內容：用最好之美國麵粉製的麵包售1元15條，另有賣5至6元一擔的船用餅乾。

標題二：EX PATHFINDER（由尋道者號卸下）
內容：從尋道者號卸下續隨子、噴汁、法國及西班牙橄欖等50箱醬汁和醃製品，與適合小家庭的優質約克火腿及六磅裝車打芝士。嫣尼斯說香港商人習慣將罕有貨品的價格抬高牟利，但她不會依循此陋習，讓大眾能用合理價錢買到稱心的必需品。

1848年4月22日

廣告兩則，其一推銷廉價麵包，另一段如下：

標題：沒有
內容：剛運抵牛腩、鹹三文魚、羊肉製火腿、約克火腿、坎伯蘭煙肉、一至四磅裝罐裝肉及魚、醬料、半加侖瓶裝酸瓜、¼磅瓶裝芥末、肉

醬、白酒醋、蠟燭、去殼小麥、咖哩粉、酸甜醬、紅鯡魚、鹽醃豬肉及牛肉等。另有瓶裝艾爾啤酒、波特、些利酒、砵酒及各類薄身酒。

1848年6月14日

標題：LADIES（女士們）
內容：少量精選蕾絲、絲襪、絲手套、髮擦、牙擦及六頂時尚小圓帽等。

1848年6月21日

廣告兩則，其一推銷從 Humayoon 號卸下的食品，另外一則如下：

標題：PORTER IN PINTS（品脫裝波特啤酒）
內容：從 Sunda 號卸下品脫裝斯圖特100打。

1848年10月28日

五則廣告，其中四則分別推銷煤、荷蘭牛油及食品，另一如下：

標題：沒有
內容：嬌尼斯的皇后道店常備以下酒供顧客選購：Dark and Pale Brandy, Scotch Whiskey, Claret, Champagne, Byass' Brown Sherry, Byass' Pale Sherry, Bottled Ale and Porter.

1849年1月31日

三則廣告，其中兩則分別推銷衣飾及食品，以下一則談加利福尼亞商機：

標題：CALIFORNIA（加利福尼亞）
內容：嫣尼斯說已獲授權售賣殖民地產品。運貨前往加利福尼亞的商人，可考慮其現貨牛肉、牛腩、煙肉等。另有粟米乾及乾禾草樣本供查看。

1849年3月31日

三則廣告，其中兩則分別推銷衣飾及食品，另外一則公佈在 Bigham & Co. 的皇后道舊店經營家庭用品店及貨倉（J. INESS' FAMILY PROVISION, WAREHOUSE）。Bigham & Co. 曾於 1849 年 1 月 17 日登報稱結束香港業務，以大減價傾銷布匹、手套、吊燈、鐘、水瓶、燭台、茶具、酒杯、酒瓶、香水、文具、糧油食品等存貨。

1849年4月28日

標題：沒有
內容：剛卸下車打及柏克萊芝士、魚膠、葛粉、薯粉、瓶裝水果、醬汁、沙丁魚、肉、醋、芥末、橄欖、蘿蔔、續隨子、沙律油、覆盆子醋、果醬及糖果、大麥、燕麥、小麥、醃牛腩、約克火腿，誠邀美食家（Epicures）垂詢。

1850年1月23日

標題：NOTICE（通告）
內容：嫣尼斯指出許多人仍未知香港有一家百貨店，為此她特意為廣州、香港及澳門顧客列出這間店賣的貨品。她說每個月均從英國運來最趨時貨品，因此女士們再不用花錢及時間寫信給家人要求代尋時尚產品。這個佔報紙首頁超過¼版面的廣告，按八個類別（女性衣帽飾物、布製品、縫紉用品、皮革、香水、食品、玻璃器皿、酒），詳列百多種貨品，包括以下拔蘭地、些利、砵酒、香檳、威士忌、法國紅酒及德國白酒：

· 淡色及深色 Martell's 拔蘭地

· 每箱一打之 Byass's 些利

· 每箱一打之 Curries & Hunt's 砵酒

· 每箱一打之香檳

· 每箱一打之蘇格蘭威士忌

· 法國紅酒及德國白酒

廣告創意

回顧嫣尼斯的廣告，單獨推銷酒的並不多，在 1850 年 1 月的百貨店廣告，酒類排在近結尾處，佔的篇幅遠遜於衣帽飾物、皮革等，推斷嫣尼斯的市場優勢並非酒，而是女性衣飾物品。

在香港開埠初年，島上並沒有純粹從事酒買賣的商人。香港第一代的賣酒人通常同時售賣多種貨品，是以身兼麵包店東主，並供應麵粉、煤炭、雜糧、時尚服飾及酒的嫣尼斯之經營模式並不特別。然而能夠在一個男性主導的社會營生並將生意擴展，嫣尼斯可說是個異數。

嫣尼斯是個有心思的商人，她的廣告標題簡單扼要地道出賣點例如「平價啤酒」、「平價麵包」、「品脫裝波特啤」。她亦愛用單字標題吸引顧客，對目標客戶群能牽引出想像與期盼，對事不關己的讀者具懸念效果，Ladies（婦女）、California（加利福尼亞）等都是因時制宜、點題之作。

當大部份商人只著重在廣告裡列出貨品資料，嫣尼斯會在廣告裡加上文句，利用廣告與顧客溝通，經常在廣告裡使用家庭、婦女、孩童等字詞，將游說顧客購物的理據化為溫情話語。在廣告中，嫣尼斯道出新來港者可能遇到的難題，如商人抬高物價、時尚產品不易找，然後她像過來人般提出忠告，道出自己能如何幫忙顧客。姑勿論廣告文字是否與現實完全相符，呈現在嫣尼斯筆下的香港處境，或可讓今日讀者作香港歷史文獻細味。

註釋

1　Susanna Hoe: *The Private Life of Old Hong Kong: Western Women in the British Colony, 1841-1941*. Hong Kong; New York: Oxford University Press, 1991.

常用廣告辭摘錄

The rhetoric of advertising

除了航運及樓房租售廣告常以船及房子圖像點綴外，刊登在1842至1851年間《中國之友與香港公報》的各式售貨廣告都是純文字，沒有商標或花紋裝飾。廣告稿一般直述何地、何時、誰有什麼貨賣。出現在酒廣告的資料可以是酒的種類、牌子、產地、售價、包裝規格，有些賣貨商把資料全刊出，有些只列出部份。在貨物資料之間，不少商人亦會加入讚譽字句，牽引讀者的消費意欲，例子如下：

以優秀品質作賣點

- Prime bottled beer（24/8/1843 Pain, & Co.）
  優質瓶裝啤酒
- Wines of high quality（5/10/1843 Gibb, Livingston, & Co.）
  高質素葡萄酒
- A select batch of Barclay and Perkin's best Porter（23/10/1844 McEwen & Co.）
  精選 Barclay and Perkin's 最好的波特啤酒
- Splendid Champagne; and fine flavored excellent Port Wine. The best Cognac pale Brandy（31/5/1845 Alexander Smith）
  華麗香檳及細膩味道的出色砵酒；最好的淡干邑拔蘭地。
- A superior lot of choice wines consisting of Claret, Margeaux（26 /7 /1845

Holliday, Wise & Co.）

絕佳精選葡萄酒，包括波爾多紅酒、瑪高。

以知名度作賣點

· Claret - highly esteemed, Lafitte, Chateau Margeaux, La Rose, Pedesclau
（23/10/1844 F. H. Tiedeman）
備受推崇的波爾多紅酒，拉菲、瑪高莊、拉號斯、彼打士高。
· Port & Sherry of the first quality from the well known house of Messrs. J. L.
Wardell & Co.（22/2/1845 W. H. Franklyn）
極知名酒商 J. L. Wardell & Co. 出品之優質砵酒及些利

以真貨作賣點

· Genuine Noyeau and Curaçoa（14/6/1848 C. Markwick）
真正 Noyeau 及 Curaçoa
· Real Edinburgh Ale（26/1/1848 Charles Buckton）
真正的愛丁堡艾爾

以新貨作賣點

· Just landed from "Anne Jane" Saunders new October brewed beer（31/5/1845
N. Duus）
剛從安珍號卸下之 10 月釀 Saunders 啤酒
· Just arrived & for sale London Sherry（13/11/1847 A. L. de Encarnação）
剛運抵發售之倫敦些利

以價格作賣點

· With every description of cheaper wines and spirits at very low prices
（29/12/1847 Holmes & Bigham）
各款廉宜葡萄酒及烈酒以極低價發售
· Superior Port and Sherry wine, at a moderate price（22/2/1845 H. J. Carr.）
價錢相宜的優質砵酒及些利
· a small quantity of superior fruity Claret which will be disposed of at a
moderate price to insure a quick sale（29/3/1845 J. C. Power）
少量優質濃果味紅酒以相宜價格發售，務求盡快賣出。

以味道／顏色作賣點

· Superior light French wines（8/6/1843 John Bennett）
高質素薄身法國酒
· Light Spanish wines（6/6/1849 Smith & Brimelow）
薄身西班牙酒
· Fine full flavored Port（24/11/1847 Franklyn & Milne）
豐富味道精緻砵酒
· Brown light golden and straw coloured Sherry（29/12/1842 N. Duus）
淺金棕色及稻草色淡些利
· Superior dark colored Brandy… Dark and pale colored Cognac（14/3/1846
McEwen & Co.）
優質深色拔蘭地……深色及淡干邑

Superior、Fine、First、Fresh、Fruity、Real，這些在廣告裡常與酒連在
一起的形容詞，可會都是十九世紀中香港人日常生活談酒時的常用字
詞，反映社會對酒的流行期盼？又或只是賣貨商互相參考、抄襲的
陳腔濫調？賣酒人沒有詮釋酒是如何的 Superior（超卓）、怎樣 Fine（精

緻），讓人各自藉零散言詞建構想像。

大部份形容詞並非酒專用，最明顯的例子是 Superior，既稱讚酒，亦在推銷與酒風馬牛不相及的貨品，是《中國之友與香港公報》廣告欄最常見的形容詞。當牛油和酒被相同的形容詞襯托時，價值判斷變得模糊，誰高誰低，誰來判斷？

· FOR SALE - Fine Claret Chateau Lafitte...fine white wine vinegar...salad oil, superfine（22/6/1844 N. Boulle）
　待售——精緻拉菲葡萄酒……精緻白酒醋……極精緻沙律油
· Superior light French wines, assorted; superior brown Sherry;...superior butter（8/6/1843 John Bennett）
　高質精選薄身法國酒、高質棕色些利……高質牛油

在形容詞簡約主義這主流以外，報紙上偶然會出現別具創作心思的廣告稿。J. C. Power 在 1843 年 12 月 14 日就刊登了一段〈孟加拉裝瓶艾索啤酒〉（"Allsopp's Beer, Bengal Bottled"）為標題的廣告，指出最近抵達澳門的 Mary Bulmer 號貨船將於日內到港，船上有少量孟加拉裝瓶艾索啤酒發售，由於數量不多，有興趣的客人應盡快訂購。廣告內更引述發貨人於 9 月 20 日在加爾各答寫的一封信件，說由於本季優質啤酒供應異常短缺，沒法滿足所有訂單。被引述的信件是真實是虛構，顧客未必著意深究，但肯定比簡單形容詞更容易令人留下印象。

讀廣告有感

Remarks on some advertisments

工作要「Sober」

在1843年1月26日《中國之友與香港公報》，摩西行（G. Moses & Co.）刊登了一節招聘廣告，尋找性格穩定、冷靜、能幹（Steady sober and competent）的年輕員工。

「Sober」可解作冷靜與嚴肅，亦有清醒或不飲酒之意思，廣泛見於十九世紀有關禁酒的論述。在招聘廣告使用「Sober」一字，究竟是僱主的隨意決定又或是深思熟慮後的刻意措詞，以顯示其反對飲酒的立場？請人要「Sober」是否因為當時不少待業青年是愛酒一族，是以僱主要謹慎挑選？

乘船有酒飲

半島及東方蒸汽船公司（Peninsula and Oriental Steam Navigation Company）在1845年8月20日《中國之友與香港公報》刊登廣告，宣傳往返香港及英國的服務。每月首天，公司旗下的 Lady Mary Wood 號或 Braganea 號會由香港開出，經檳城、新加坡、錫蘭，抵達蘇彝士及亞歷山大後，再轉駁另一船往英國。從香港往英國的航程約需51天，普通艙男乘客收費是 185 英鎊，女乘客則要付 195 英鎊。一間雙人房的收費為 440 英鎊，6 至 10 歲小童為 90 英鎊，同行的歐洲僕人船費是 65 鎊，本地僕人只要 45 鎊。船費已包括船上服務、膳食及酒費，僕人膳食中並沒有酒。

未知船上用的是什麼酒，每天可供應多少回，每人可獲的份量有多少？整個航程用的酒是在出發前購置存於船艙，又或每泊一岸再補充較新鮮的？

做廚師傅

1846 年 2 月 7 日的《中國之友與香港公報》刊出了一段駐港 42 軍團中、英、葡文對照的廚師招聘廣告。中文部份寫著：「孖時行處科地西境萬吔剌沙禮治文要一名做廚師傅係樣明白到急噸勿過囉行處便是工銀面議」。

在香港這個英國殖民地，為什麼第 42 軍團的招聘廣告要同時用中文、英文及葡萄牙文刊出？是否當時在香港來自英國的廚師不多，反而本地華人廚師及在澳門工作的葡國廚師卻不難找，42 軍團為求找到好廚師，是以哪管是中、英或葡國人都想招攬？假如最後聘用的廚師是中國或葡國人，他會給軍團燒英國菜又或是自己國家的菜式？

在中文部份，「Cook」被翻譯為「做廚師傅」，不知這譯法可會是譯者的創作，又或是採納自 1846 年間香港居民的日常用語（書面或口語）？今天讀到「師傅」一詞時，感受蠻親切地道，因為每當遇上當廚師的朋友，我們仍然慣以「師傅」尊稱。在日常生活中，還有各行業的「師傅」：電器師傅、造衫師傅、整餅師傅、教車師傅、裝修師傅。但為什麼我們不說教書師傅、賣酒師傅……？

3,000 加侖的意義

Drinker, Heyl & Co. 在 1847 年 10 月 27 日的《中國之友與香港公報》刊登廣告，稱有 3,000 加侖桶裝（Pipe）馬尼拉冧酒（Manila Rum）及 200 打以 12 瓶一箱包裝的法國拔蘭地出售；廣告上的阿拉伯數字「3,000」的字體比廣告內其他字體粗大。

要是將 3,000 加侖的冧酒以今日流行的 0.75 公升酒瓶入瓶，總共可以灌滿 15,144 瓶，可裝滿一個 20 呎貨櫃。

冧酒對於香港人絕不陌生，1842 年 7 月 7 日的《中國之友與香港公報》已出現過售賣牙買加冧酒的廣告；同年 12 月 8 日亦有一節賣馬尼拉冧酒的廣告，以 80 至 120 加侖木桶裝。

為什麼會有這麼多馬尼拉冧酒待售？是否商人洞悉到香港有龐大冧酒需求，所以大量輸入？又或是馬尼拉冧酒生產過剩，本土市場未能全吸納，只好大量向外傾銷？這批馬尼拉冧酒有多少在香港給喝掉，又有多少會轉往其他地方？

重複了一年多的廣告

刊登在《中國之友與香港公報》的廣告均列明發稿地點及日期，即使相同的廣告在一段時間內重複刊登，初次發稿的日期仍然保留。

Holliday, Wise & Co. 在 1847 年 10 月 27 日的《中國之友與香港公報》刊登廣告，推銷極柔軟瓶塞、意大利沙律油及一批每箱 36 瓶的酒，包括有 Port、Sherry、Sauterne、Hock、Claret、Sparkling Champaign、Hermitage、Pale Cognac Brandy 及 Schiedam Geneva（此酒每箱 12 瓶），廣告的最初刊出日是 1846 年 7 月 15 日。

COOK WANTED for the Mess of the 42nd M.
N. I. A liberal salary will be given to a per-
son well qualified.
Apply to Captain McLaon, Mess Secretary.
Victoria, 6th February, 1846.

COZINHEIRO.—Precisa-se hum para o Ran-
cho do Regimento 42 da I. N. M. Dar-se-
lhe ha hum salario Liberal, sendo bem qualificado.
Applique-se a Capitão McLaon, Secretario do
Rancho.
Victoria, 6 de Fevereiro, 1846.

孖時行處科地
西境萬町剌吵
禮治文要一名
做厨師傅係樣
明白到急頓勿
過曜行處便是
工銀面議

1846年2月7日廚師招聘廣告原文

賣酒廣告連續刊登了一年多，是否意味生意艱難，商人花了15個月仍未能把酒售清？又或是這些酒是市場流行品種，恆常有客戶，賣酒人持續補貨，長期登廣告宣傳？

夏天的酒

沒有密集高樓屏風，沒有鬧市的光污染，十九世紀中的香港夏日晴空應該比現在藍，晚星更閃亮。然而不少活在十九世紀四十年代香港的西方人，並沒有讚美這裡的夏天與陽光，他們相信那是疾病與死亡之源。夏天是流行的話題，是飲酒及不飲酒的理由，甚至關乎生死。夏天亦是重要的商機，1846年6月27日的《中國之友與香港公報》就出現了兩則以夏天的酒作標題的廣告。

第一則廣告標題為〈夏天葡萄酒與啤酒〉（"Summer Wines and Beer"），賣貨人 W. H. Franklyn 推銷繩索、帆布、裝飾門窗用的彩色玻璃，及適宜在夏天飲的薄身（Light）平價紅酒、香檳、些利、砵酒及艾爾啤酒等。

在另一則以〈夏天葡萄酒〉（"Summer Wines"）作標題的廣告中，Rawls, Duus & Co. 宣傳他們有 Graffenberger、Hockheimer、Geissenheimer、Destournel、Lartiguer、St. Julien、些利、砵酒、香檳等萊茵及法國酒發售。這廣告早於5月已開始刊登。

1846年的兩段夏天酒廣告並非特殊例子，商行 Smith & Brimelow 在1849年5月30日，亦有刊登以〈夏天薄身酒〉（"Light Wines for Summer"）為標題的廣告，推銷桶裝及瓶裝薄身西班牙酒，Byass、Harper、Shaw and Maxwell 等淡些利，St. Julien、Chateau Margaux、Lioville Lefette 等每打4至8元的法國紅酒、和每打6至12元的德國白酒。

以夏天葡萄酒作賣點的廣告，可會與 1844 年《中國之友與香港公報》刊出的 MEDICUS 及 M.D. 以氣候及健康為論據，勸告大眾以葡萄酒及啤酒替代烈酒的信件有關？（參考本書〈節制或禁絕——兩封批評烈酒的讀者來信〉一篇）可會是觸覺敏銳的商人讀過信後，乘勢以夏天酒為幌子，推銷非烈酒？

賣酒人將製法不一樣的紅酒、香檳、些利、砵酒、啤酒同以「夏天葡萄酒」統稱，原因可會是這些酒在當時酒精度都不高，而且口感相近，又或是賣酒人純粹用概念行銷，哪管酒種的差異？

錯字？俗字？

翻開十九世紀四十年代的香港報紙廣告，常遇到字母拼法異於慣常的字，最初全當錯字，多看習慣了，感悟到差異是常態。

廣告多異字，可會是報館員工把關不力，又或是一切來稿照登，沒權責修改原稿之錯漏？可會是賣酒與買酒人對酒所知有限，沒法辨識酒名、產地、牌子的正確寫法，字母增減礙不了溝通，今日大眾認為錯的字，說不定是十九世紀四十年代香港通行的俗字？

異拼的字與正字之讀音大多無明顯分別，書寫差異消失在言語層面，十九世紀四十年代的香港會否是一個看重聲音的世界，不著眼於文字對錯？

常見於《中國之友與香港公報》的異拼字：

正字拼法	其他拼法
Allsopp（啤酒品牌）	Allsop's/ Allsops/ Allsopp's/ Alsopps
Bass（啤酒品牌）	Bass's/ Basses/ Byass's
Cider 蘋果酒	Cyder
Champagn 香檳	Champaigne
Grafenberger 德國格雷芬貝爾格	Graefenberger/ Graffenberger
Margaux 瑪歌	Margeaux
Saint Estèphe 聖埃斯泰夫	St. Stephen/ St. Esteppe/ Estepre

雜說拍賣

Auctions

在十九世紀中的香港，拍賣是慣常的貨物交易方式，多在早上進行，地點是拍賣人或貨主的貨倉或暫借場地，報紙上的拍賣啟事一般以〈拍賣〉("Auction")或〈公開拍賣〉("Public Auction")作標題。以下數段《中國之友與香港公報》的拍賣廣告或可讓我們瞭解拍賣商的經營模式及貨物類別：

1842年5月14日星期六

C. Markwick 拍賣拿達先生（A. Labtat）遺物，包括家居物品、葡萄酒、啤酒及衣飾。另將於未來日子拍賣拿達的幾塊地。

1842年8月16日星期二

在 P. Townsend 之貨倉有以下物品拍賣：深色拔蘭地、些利酒、砵酒、紅酒、氈酒、100箱一打裝美國艾爾啤酒、蘋果乾、麵包、芝士、豬肉、牛肉、鎖、門鉸、木工及泥水匠工具。

1842年12月9日星期五中午12時

拍賣人 J. W. Bennett 受 N. Duus 委託，在 Fearon 先生的船塢拍賣：

- ·爪哇阿或酒
- ·80至120加侖桶裝馬尼拉冧酒
- ·桶裝拔蘭地
- ·一打及三打裝拔蘭地
- ·六打裝些利酒及砵酒
- ·一打裝紅酒
- ·桶裝海角馬德拉（Cape Madeira）及里斯本葡萄酒
- ·一打裝 Noyeau 及 Annisette 酒
- ·煙草、鹽醃食物、孟加拉米

買方須於交易完成後48小時內付現金取貨，否則貨品可能會被重售。

1843年1月26日星期四

摩西行（G. Moses & Co.）刊登廣告介紹其拍賣服務的收費及細則。逢
星期二及星期六在自己的場地舉行公開拍賣，買方的佣金計算方法
為：

貨款 $500 以下	5% 佣金
貨款 $1,000 以下	4% 佣金
貨款 $2,000 以下	3% 佣金
貨款 $2,000 以上	2¼% 佣金
鴉片、船隻、樓房或銀器等	1½% 佣金

拍賣時如有爭議，涉及物件將作重新拍賣。如買家未能於拍賣完結後

三天內付款取貨，摩西行將會重新拍賣有關貨物，假如新成交價低於原價，原買家須補償摩西行之差價損失。

賣家須付摩西行 2.5% 佣金。如賣家在委託摩西行拍賣時，私下將相同貨品售予他人，摩西行將收取成交貨款 5% 作佣金，買賣雙方自行決定如何分擔此佣金。

1843 年 10 月 23 日星期一

P. Townsend 拍賣被稱為「三名快樂水手」（Three Jolly Sailors）的房子。房子建於高處，連地共佔 105 平方呎，入口左右側不出 50 碼有可作水源的小溪，空氣流通，宜作私人住宅，鄰近西區警署，可遠眺碼頭景色。

1844 年 6 月 17 日星期一上午 11 時

P. Townsend 在自己的場地拍賣砵酒、些利酒、波爾多紅酒、香檳、Tokay 及其他酒。有意委託 P. Townsend 代拍賣酒的人，亦可於一天前把貨交給他。

1845 年 7 月 2 日星期三上午 11 時

W. H. Franklyn 在自己的場地拍賣一位將要離開香港的男士的物品，包括床、睡房家具、有抽屜的櫃、枱、洗面台、椅子、晚餐用具、醒酒壺、平底葡萄酒酒杯（Tumbler wine glasses）、連附錄的大英百科全書等。

1846年3月19日星期四

JNO Smith 在愛樂社（The Philharmonic Society）對面的舖內，拍賣一座新的印刷機、印刷工具、油墨、希伯來及希臘文字粒、4,000多枚中文字粒和印刷用紙等。同日亦拍賣銀版照相機（廣告寫上Dyguerrotyye，應指 Daguerreotype）、氣壓計、傢俬雜物、英法德語書籍、乳牛兩頭及乳山羊三頭。這些物品屬法國公使館中文秘書 J. M. Callery 先生所有，他將要離開中國。

1846年9月9日星期三上午11時

Franklyn & Milne 拍賣銀餐具及一套製造梳打水的機器與材料，包括礬、白堊、梳打、兩部入瓶機、三桶瓶塞等。

1849年4月2日星期一上午11時

W. H. Frankly 在自己的場地拍賣200箱氈酒（每箱15瓶）、300打冧酒、1,300打塞爾查水（Seltzer water）、兩盒葛粉、乾李子、大量煮食鍋和新琴一座。

1850年4月25日星期四上午11時

Smith & Brimelow 在其皇后道貨倉，拍賣20桶火藥、一對槍、兩座枱燈、四座連罩玻璃燭台、20桶氈酒、30打青檸汁、10打 Wine Bitters、幾打罐頭肉及湯。

1850年5月16日星期四上午11時

在澳門經營的美國海軍物資供應商 Robt P. De Silver 行，委託 A. H.

PUBLIC AUCTION.

THE Undersigned have received instructions from the TRUSTEES of the Estate of Mr W. H. FRANKLYN, to dispose of by PUBLIC AUCTION, the whole STOCK IN TRADE belonging to the said Estate, consisting of,—EUROPE and MANILA ROPE, BLOCKS, CANVAS, TAR, VARNISH, TURPENTINE, PAINT, OILMEN'S STORES, WINE, BRANDY, MARZETTI'S BEER and PORTER, FRANKLYN'S PALE ALE, &c..—which will be sold in Lots to suit Purchasers; OILMEN'S STORES in small Lots to suit Families.

The days of Sale will be every *MONDAY*, *WEDNESDAY*, and *FRIDAY*, at 11 o'clock A. M., commencing from *Monday 24th June*, until all is sold.

CATALOGUES will be furnished on the days of Sale.

TERMS OF SALE.—*Cash on delivery. Parties are particularly requested to clear their Lots on the afternoon of the day of Sale.*

A. H. FRYER & Co.,
Auctioneers.

Hongkong, 18th June, 1850.

Fryer & Co.在香港公開拍賣一批政府衣服鞋物。買家可於拍賣前一天驗查貨品，貨款可用墨西哥幣、盧比支付。

1851年8月11日星期一上午11時

都爹利（George Duddell）在維多利亞交易場（Victoria Exchange）舉行大拍賣，並於數天前登廣告刊出拍賣物品名單。這廣告像一幅沒怎褪色的舊照片，凝住構成十九世紀中香港生活的器物。物與物的關係對等，沒有主次之分，唯有在買家眼中見輕重。

· 維多利亞劇院所有歐洲傢俬

· 60打不同花紋的緞手帕

· 123幅奧爾良棉布，每幅長22碼

· 200打顏色棉手帕

· 筆記紙、信封等

· 40令歐文蘭德紙（Overland）

· 50幅喪禮用黑縐布，6吋、7吋半及10吋闊，12吋至1碼半長

· 30幅黑縐布，30吋闊，11至12碼長

· 25打淡些利酒，一箱一打

· 25打金些利酒，一箱一打

· 200打平底杯

· 供果籃、鐘座、花籃、燈座等用的刺繡品

· 50張不同大小枱布

· 25罐5磅裝朱古力

· 10打檸檬糖漿

· 5打瑞士苦艾酒（Absynthe）

· 10箱2至4打裝荷蘭苦味酒（Holland Bit-ters）

· 10箱1打裝庫拉索酒（Curaçao）

· 7箱油漆掃

· 5,000張提貨單（Bills of lading）

· 4,000張票據（Bills of exchange）

· 4,000張發票（Invoice）

· 琴譜

· 樂團樂譜

· 50桶白酒醋

· 50箱1打裝白酒醋

· 30箱半打裝黃及白肥皂

· 2,000枝夏灣拿雪茄

· 40頂黑絲紳士帽

· 12頂最新款法國黑絲紳士帽，連皮盒

· 4箱玩具

· 300打石板及鉛筆

· 50條光絲裙子

· 10打絲頸巾

· 10打女裝絲領呔

- 40塊廁所鏡子
- 20個望遠鏡
- 10件布魯塞爾連披肩之蕾絲頭紗
- 100打白亞麻布手帕
- 100罐牛油
- 50把絲製魚骨傘子
- 100打不同品質卡紙和開信刀
- 30打古龍水
- 10打香精
- 巴黎髮油
- 25打不同品質剃刀
- 德國銀匙子
- 100罐湯
- 200罐豆、胡蘿蔔及卷心菜
- 100罐燒牛肉
- 50罐焙羊肉
- 50罐三文魚
- 2打醬汁
- 20打玫瑰及橙水
- 1打女裝晨帽
- 1打圍裙
- 10粒大背心鍍金紐
- 2打銀製筆盒
- 10打藍、綠等顏色眼鏡
- 3打有塞小瓶
- 50罐法國露筍
- 50罐法國豆
- 30罐李子
- 20對連套鍍金及銅燭台

- 12對可調光油燈
- 100打利口酒杯
- 150打葡萄酒杯
- 50打甜品杯
- 50打啤酒杯
- 2個醒酒壺

Chapter

3

洋酒與食的文化

The culture of wine drinking and food

香港第一篇飲食文章

The first gastronomic writing published in Hong Kong

1842年3月31日的《中國之友與香港公報》刊載了一份沒有註明資料出處的糧食價格表：

馬鈴薯，每擔（133⅓磅）	$2½
番薯	$1
一號白米，每40斤	$1
二號白米，每45斤	$1
長條麵包，每11條	$1
小麵包，每22條	$1
燈油，12至13斤	$1
大條鮮魚，每斤（1½磅）	8–10 cents
細條鮮魚，每斤	5–7 cents
禽鳥，每8斤	$1
穀，每擔	$1½
芋，每擔	$1½

一個星期後，4月7日，〈糧食價格〉這標題再次出現在報紙上，然而刊出的並不是價格數目，而是一段文字：

「上期已刊出價格。事實上，市場上各類食品齊備，供應充足，既符合貧困咕喱（Cooley）所需，亦能滿足美食家（Gastronome）的至高要求。我們在市集看到各種優秀魚類，有些是澳門常見的品種，許多卻是從未見過的。牛肉價廉，羊肉卻非常昂貴，我們在一些晚宴曾見過據說是產於島上的雉雞、鷓鴣和鹿肉。坦白說，在郊遊時，我們只見過鷚、鵪鶉及雉雞，不過聽聞曾有獵人在島的另一邊射殺過數頭小鹿。蔬菜供應充裕。麵包及餅乾已有非常好的本地產品，牛奶及牛油不再是罕有食材。山羊繁殖得很好，牛亦如是，至於綿羊，目前只有少量進口，由於大家對羊肉需求甚殷，綿羊的壽命頗受威脅。期望在不久的將來可以看到數千頭羊兒在我們的山野放牧，有一天香港羊肉的名氣更可媲美威爾斯。」

這篇短文，可能是香港歷史上第一篇本土飲食評論，文章不但記述了 1842 年間香港島上的食物供應狀況，更重要的是文章內出現「Gastronome」這個法文名詞。

1835 年版的《法文字典》（*Dictionnaire de l'Académie Française*）將 Gastronome 定義為「喜愛美食者，懂得烹製美食的人」（Celui qui aime la bonne chère, qui connait l'art de faire bonne chère.）。

語言源自社會，反映用者在某一特定時空的思維形態。「Gastronome」一詞出現在 1842 年 4 月 7 日的香港報紙，是否意味被英國殖民統治初年，香港已經存在講究飲食文化的美食家，又或存在一群推崇美食家精神、樂於自稱 Gastronome 的居民？作者把美食家對比於咕喱，顯示生活在 1842 年香港的 Gastronome 有一定的階級性，他們並非來自低下階層的平民百姓，而是社會內富裕的一群。

假如語言與社會發展並非同步，語言並不可以準確地反映社會在某一特定時空的思維形態，1842 年的香港可能沒有任何美食家，當《中國

之友與香港公報》的記者在文章中用上 Gastronome 一詞時，他只不過
利用時尚的法語，令文章顯得更有風格，當時的殖民社群可能根本沒
有人關心飲食文化。

1843年的香港葡萄酒知識

Wine knowledge of a 1843 Hong Kong reader

《香港紀錄報》(*Hong Kong Register*)的前身是《廣州紀錄報》，於1827年在廣州創刊，1839年改在澳門經營，1843年6月遷來香港，改名為《香港紀錄報》，至1863年停刊。1843年7月11日的《香港紀錄報》刊出了一篇以波爾多葡萄酒為主題的轉載文章，原文的作者、最先刊出的地方和年份不詳。文章曾提及印度與孟買，推斷可能曾刊於印度報章。

這篇文章展陳了在香港開埠初期，賣酒人與愛酒人可以接觸到的波爾多酒資料。文章談的波爾多分級，有別於我們今天熟悉的波爾多的「1855年分級制」，是詮釋早期香港葡萄酒文化的重要參照框架。以下為這篇文章的撮要，文中出現的部份酒莊名字拼法與今日流通的有出入，例如 Giscourts 及 Bechevelle 今日寫法為 Giscours 及 Beychevelle。此處按原文轉錄，不作修改：

作者指出進入本地市場（指的是印度）的法國葡萄酒數量不少，然而經營者與顧客對這些酒的所知並不多，有見及此，特意轉載英國出版的「麥格理高商情錄」(*Macgregor's Commercial Tariffs*)內有關法國酒的資料給讀者參考。法國葡萄酒總產量為42億升或924,000,000加侖，價值約為25,987,500英鎊，其主要用途為：

	百升	加侖
生產者自家飲用，不須繳稅款	9,000,000	198,000,000
用於生產拔蘭地	6,440,000	141,680,000
種植者耗損	4,152,000	91,344,000
運輸及營銷者耗損	2,000,000	44,000,000
出口	1,115,000	24,530,000
用於生產醋	500,000	11,000,000
市場消耗	14,000,000	308,000,000
非法應用	4,793,000	105,466,000

法國有76個縣生產酒，可分為五個組別，其中最大的組別覆蓋
Garonne、Charente 及 Adour 等17個縣，歷史悠久的波爾多區包括在
內。孟買進口的法國酒大多來自這些地區。波爾多酒酒色明亮，香氣
細緻，入口微澀，不酸不烈，是上佳飲品，適量享用能增加食慾並有
益健康。波爾多酒可按以下級別區分：

第一級（First Class）

Chateau Margaux、Chateau Lafitte、Chateau Latour、Haut-Brion。這四個
酒莊的平均產量約為 400 至 450 桶（每桶容量為 912 公升或 240 加侖），
每桶平均價值約為 2,400 至 3,000 法郎。經過陳年後，酒價會倍升。頭
三個酒莊的酒質比較柔順，名氣及賣價都高於 Haut-Brion。

第二級（Second Class）

Rauzan Branne Mouton、Leoville、Gruau La Rose、Pichon-Louguevalle、
Durford、Degorse、Lascombe、Cos Destournelle。這些酒莊年產 850 桶，
每桶售 2,000 至 2,200 法郎，但甚少以自己莊園真正名稱發售，而是以

一級莊名義面世。

第三級（Third Class）

Chateau d'Issan、Pougeots，和某些 Cantenac 及 Margaux 區內的莊園，Malescot、Ferriere、Giscourts、Langoa、Bergeron、Cabarus、Calon-Segur、Mont- Rose、La Noir。年產量 1,100 桶，售價 1,700 至 2,100 法郎。

第四級之第一分組（Fourth Class – First Division）

St. Julien、Becheville、Saint Pierre、Chateau de Bechevelle、Chateau-Carnot、部份 Cantenac 及 Margaux 區產的酒。年產量 650 桶，每桶售價 1,200 至 1,500 法郎。

第四級之第二分組（Fourth Class – Second Division）

主要來自 Pauillac、St. Estephe、Labarde 及 Margaux 區莊園。年產 1,000 桶，每桶售價介乎 1,000 至 1,200 法郎。

第五級（Fifth Class）

來自 Pauillac、St. Estephe、Saint-Julien、Soussans、Labarde、Ludon、Macau 及 Cantenac 區產的酒。每桶售 700 至 800 法郎。這些酒在英國普遍被稱為 Claret。在法國它們會被當作 Lafitte、Chateau Margaux 發售。英國的高稅制削弱了四級及五級酒的進口，助長了假酒的生產。

普通級（Vins ordinares）的法國酒賣 300 至 400 法郎一桶，通常是高酒精度的南方酒，生產者多是重量不重質的小農戶。

部份波爾多白酒甚受追捧，其中蘇玳（Sauternes）更被法國認為能媲美萊茵河區酒。質優味香的聖艾美隆（Saint Emilion）與格拉夫（Graves），售價可以高至 3,000 法郎一桶。

當那些在印度自稱為波爾多專家，知道他們所飲的酒的來源時，肯定會感到驚訝。他們買的拉菲（Chateau Lafitte）、拉圖（Chateau Latour）、瑪高（Chateau Margaux）一級名酒，原來只是值 300 至 400 法郎一桶之普通級別酒，極其量也不過是為符合英國人嗜強勁酒感之口味，而加入了拔蘭地的五級酒。

上文指出在印度市場找到的一級酒，不少是用較低級酒冒充的，香港讀者看了這報導後，可會懷疑在香港找到的拉菲、拉圖、瑪高之真偽，選購時加倍留心？

洋書抵港──《現代葡萄酒歷史述評》

A History and Description of Modern Wines

《中國郵報》發售的畫和書

在香港編印的《中國郵報》(*China Mail*),創刊於 1845 年 2 月 20 日,逢星期四出版,一年訂閱費 12 元。郵報創刊號篇幅最大之廣告,推銷的是一批於郵報報館發售的畫和書,畫有 18 組,售 15 至 105 西班牙銀元,當中有四組各含兩幅畫,另有一組包含三幅畫。書有 95 項,有單獨書冊,亦有由多本分冊構成之套裝書,價錢最高的是一套六冊的《丹尼爾東方風景及古物》(*Daniell's Oriental Scenery and Antiquities*),賣 320 西班牙銀元,最便宜的賣 1 元,可選伯恩斯(Burns)詩集或憑書名難以確定書種的《交通論》(*Lang on Transportation*)。

2 月 27 日的郵報刊出第二份書單,有 73 項,畫則沒改變,廣告指畫與書將於 3 月 8 日中午以抽獎形式送出。3 月 6 日,報館刊出第三份書單,共 97 項,廣告指抽獎日將延後一星期。3 月 13 日,《中國郵報》刊登第四份書單,共 63 項,沒標價,書在早前三份書單裡曾出現過。

《中國郵報》的三份書單書種豐富,有遊記、園藝、建築、藝術、古典文學、當代詩集、宗教、經濟理論等,貨主按什麼準則採購畫與書,可會是隨意湊合書商便宜的過氣出版物,又或是有所抱負,期望在殖民地播下建構英國文化氛圍的種子？

初生的殖民地，物質不貧乏，各式商品相繼在市場出現，文化商品亦不缺。售賣雕塑品、油畫、書刊的廣告以往也曾出現於《中國之友與香港公報》，不過數量和書的種類並沒如這回龐雜。《中國郵報》的創辦人蕭德銳（Andrew Shortrede）在愛丁堡擁有出版社，他可會是《中國郵報》報館內待售畫與書的貨主？

3月20日，郵報公佈抽獎方法。報館將發售120張抽獎券，每張25西班牙銀元。假如所有抽獎券能全賣出，抽獎會在3月29日星期六中午12時於《中國郵報》報館內進行。在抽獎日，會場將備有兩個闊口瓶，其一放了120張紙條，每張分別寫上抽獎券買家名字，另外一瓶放了寫上獎品名稱的咭。抽獎時，主持人先抽出有姓名的紙條，再抽一張獎品咭決定其幸運兒的獎品。獲獎者若不喜歡抽到的書，可於兩天內到《中國郵報》報館從其他沒有納入抽獎的書中另選一本，但沒說抽到畫的人是否亦有另選畫的權利。

獎品包括22組畫和40項書，共值3,000西班牙銀元。獎品中，標價最高的是320元的《丹尼爾東方風景及古物》，其次是200元一套21冊的第七版《大英百科全書》。欠點兒運氣的話，可能會抽到7元一套四冊的《暹羅與爪哇》（*Crawford's Siam and Java*）。每張抽獎券只有一半中獎機會，獎品中有三分一的原價低過抽獎券售價，大家為什麼參加抽獎？是為了一本捨不得買的書或是貴價畫作？不從文化層面看，把書與畫還原為可供低買高賣的商品，部份人可能只想以小博大，希望抽到貴價書畫轉賣圖利，書與畫不是欣賞的對象，而是投機圖利的工具。

4月3日，報館公佈抽獎日期改為4月7日星期一中午12時。估計改期的原因是抽獎券還未全部售出。跟著的幾星期，賣書與畫的廣告沒

SPLENDIDLY ILLUSTRATED WORKS, AND BOOKS IN EVERY DEPARTMENT OF LITERATURE NOW ON SALE, AT THE OFFICE OF THE CHINA MAIL.

THIRD LIST.

THE NATURALIST'S LIBRARY, edited by Sir Wm. Jardine, Bart. F.R.S.E., F.L.S., &c., 40 vols. 12mo. complete, many hundred coloured Plates.   Sp. $

In extra boards.   45.
In half morocco.   60.
Do. extra finish.   70.

Subjects of Volumes, each containing a Portrait and Memoir of some celebrated Naturalist, and from 30 to 40 coloured Plates.

VOLS.

1.—Humming Birds, Vol. I., 36 coloured plates. Portrait of Linnæus.

2.—Monkeys, 32 coloured plates, with portrait of Buffon.

3.—Humming Birds, Vol. II., 32 coloured plates, with Portrait of Pennant.

4.—Lions, Tigers, &c., 38 coloured plates, with portrait of Cuvier.

5.—Peacocks, Pheasants, &c., 30 coloured plates with portrait of Aristotle.

6.—Birds of the Game kind, 30 coloured plates,

---

3 vols. royal 8vo. containing 132 most beautifully coloured plates, chiefly by Mrs Withers, Artist to the Horticultural Society, elegantly hf. bd. green morocco extra, gilt edges.   30.

Lawrence on the Eye, 8vo.   5.

Bostock's Physiology, 8vo.   4.

Lizars's Anatomical Plates of the Human Body, accompanied by Descriptions, and Phisiological, Pathological, and Surgical Observations, new and considerably improved edition, with additional plates, and the letter-press printed the size of the Plates, royal folio containing 101 coloured plates, hf. bd. russia.   86.

Redding's History of Wines.   3.50

The works of Hogarth, beautiful Impressions of the original Plates and others restored by Heath, and Nichol's explanations, large folio, half morocco, gilt edges.   100.

Burke's General Armory,   10.

Burke's Encyclopædia of Heraldry, or General Armory of England, Scotland, and Ireland, comprising a Registry of all Armorial Bearings, Crests, and Mottos, from the earliest period to the present time, including the late Grants by the College of Arms. With an introduction to Heraldry, and a Dictionary of Terms. 3d Edition, with a supplement. One very large volume, Imperial 8vo. Beautifully printed in small type in double columns by Whittingham, embellished with an elaborate frontispiece, richly illuminated in gold and colours; also wood-cuts.   10.

Keightly's History of England, 3 vols. 8vo.   10.

再出現。

還未有賣出的《維迪葡萄酒歷史》

5月22日,《中國郵報》刊廣告稱報館還有未賣出的書供大眾選購。這次書有84項,包括巴西歷史、海事字典、希臘悲劇集……和《維迪葡萄酒歷史》(Redding's History of Wines)。

《維迪葡萄酒歷史》的正確書名是《現代葡萄酒歷史述評》(A History and Description of Modern Wines),曾經出現於3月6日的第三份書單,在那書單內排在威廉賀加斯(William Hogarth)畫集前,一本人體醫學解剖圖之後。

《現代葡萄酒歷史述評》的作者維迪(Cyrus Redding),生於1785年英國西南部的康瓦爾郡,父親是浸信會傳道人。維迪愛好寫作,17歲開始投稿,1806年成為一份倫敦晚報的記者,1808至1814年間是《普利茅斯紀事報》(Plymouth Chronicle)的編輯。1815至1819年間他住在法國,供稿給幾份英國報紙,期間遊歷法國及歐洲產酒區,所見所聞成為日後撰寫葡萄酒論著的材料。

維迪一生編過近百本書,包括浪漫主義詩人雪萊(Shelley)及濟慈(Keats)的首本詩集,他也寫了約50本書,主題涉及政治評論、時人傳記和書摘。維迪的文字創作並沒有為他贏取聲譽,但其葡萄酒著作在今天仍然被酒評人稱頌。他寫了三本葡萄酒論著,分別是出版於1833年的《現代葡萄酒歷史述評》、1839年的《人人當管家》(Every Man His Own Butler)及1860年的《尋找法國葡萄酒與葡萄園》(French Wines and Vineyards; And the Way to Find Them),當中以《現代葡萄酒歷史述評》最廣為人識。

《現代葡萄酒歷史述評》在1833年面世，第二版印於1851年。1845年在《中國郵報》報館待售的應該是1833年版，書厚約430頁，章節間有維迪聲稱來自舊書刊的插圖作裝飾。維迪以十九世紀三十年代英國為視點，敘述世界各地的產酒歷史及當代發展優劣。在書的序言，他說自己的研究以事實為本，不會隨便引用古代論著。他批評十六世紀意大利作者安祖亞（Andrea Bacci）的《葡萄酒自然史》（*De naturali vinorum historia*）及十八世紀的愛德華・巴利（Sir Edward Barry）的論述，均取材自文學作品及坊間流行見解，缺乏客觀科學資料。維迪又指出其同代人亞歷山大・韓德臣（Alexander Henderson）寫的《古代及現代葡萄酒歷史》（*The History of Ancient and Modern Wines*），雖然增添化學及科學分析，但仍有不少內容參考巴利的作品。

維迪指出古代人推崇的酒，接近十九世紀西班牙南部馬拉加的Lagrimas酒、法國稻草酒（Straw wine）及塞浦路斯甜酒。十九世紀的希臘酒則像羅馬時代的酒一樣含高酒精，且有不少雜質，如海水、松樹葉、柏樹、果子、苦杏仁、沒藥、松香、焦油等，飲用時要加水，使酒較容易入口。

歷史陳述並非《現代葡萄酒歷史述評》的核心，只是輔助瞭解當代葡萄酒發展脈絡的引子。維迪認為雖然不同時代的飲酒潮流各異，但現代葡萄酒確實比古代酒釀造得更出色。他說好的酒酒質要純淨，不含添加物質，假如釀造時沒加入烈酒，法國酒、德國酒、些利、砵酒、馬德拉酒都是有益健康的。維迪指出各種烈酒及加了拔蘭地的酒在英國流行，然而法國酒才是最優秀的，其次是德國和匈牙利酒，他強調這並非個人偏好，而是客觀事實。在《現代葡萄酒歷史述評》的附錄中，他把不同產區的酒按品質優劣表列出來，佔首位的是法國的羅曼尼康帝（Romanée Conti）。

維迪說適量飲酒是有益健康的，然而界定什麼是合適份量並不容易，酗酒問題的禍源並非葡萄酒而是烈酒。在生產葡萄酒的地方，人們會先將酒加了水才飲，要是不加水，飲的份量也會比較節制。北方民族特別沉迷烈酒，尤其是沒機會接觸較高文化水平的人。另一方面，維迪指出在文明已開發的民族，處於社會階級最低層的人較多有酗酒問題，中、上層階級飲酒則非常節制，如英國就是這樣。

1833年版《現代葡萄酒歷史述評》按章節順序概要：

- 評歷代葡萄酒論著之優劣

- 有關葡萄的知識（品種、歷史源起、產區、栽種）

- 釀酒概論（葡萄收成、釀酒流程、改善酒質之方法）

- 法國酒

- 西班牙酒及加那利群島酒

- 德國酒及瑞士酒

- 葡萄牙酒及馬德拉島酒

- 意大利酒及其島嶼酒

- 匈牙利酒及奧地利酒

- 希臘酒及俄國酒

- 波斯酒及東方酒

- 非洲酒及美國酒

- 酒的儲存和陳年

- 仿造烈酒及葡萄酒的方法

- 附錄（酒精蒸餾法簡介／優質酒之分級／法國酒分級／英國進口法國、意大利、西班牙、德國、葡萄牙、匈牙利等地酒之數據／英國酒例及關稅／各國葡萄酒之容量單位／酒具／各類酒的酒精度／各國烈酒概要）

《現代葡萄酒歷史述評》極可能是第一本出現在香港的葡萄酒論著，維迪的觀點可有影響過香港的酒商、飲酒人、從政者？可會有港商根據維迪的喜惡作為購貨標準，不重烈酒，推崇並引進書內談及的法國

A

HISTORY AND DESCRIPTION

OF

MODERN WINES.

BY

CYRUS REDDING.

LONDON:

WHITTAKER, TREACHER, & ARNOT,

AVE MARIA LANE.

1833.

葡萄酒，影響十九世紀四十年代港人的飲酒口味？

書的命運不由自己決定，1845 年 5 月呆在《中國郵報》報館內的《現代葡萄酒歷史述評》最終可有被人買下？書會否一直無人問津，最終與其他沒賣出的書被捐送給某所學校、圖書館，又或被轉運至廣州、澳門、菲律賓、爪哇⋯⋯？一本書可以牽引出無數可能，說不定維迪的書今日仍然守在香港某個角落的書架上，靜看世途變幻。

《現代葡萄酒歷史述評》附錄內推介的一級酒：

產區	酒名	維迪的評語
Romanée Conti Chambertin Richebourg Clos Vougeot Romanée St. Vivant La Tache St. Georges Corton	法國黃金丘（Côte D'Or）	世界上最好、最細緻的紅酒，漂亮紫色，滿溢濃郁芬芳，優雅香味。適度酒精和諧地配合輕盈酒體，健康怡人。
Prémaux 的一級酒 Musigny Clos du Tart St. Jean Perrière Veroilles Morgeot	法國黃金丘	勃艮第酒，在香氣等表現上均極接近上述酒。

Mont Rachet	法國黃金丘	極受推崇的白酒。
Lafitte Latour Chateau Margaux Haut Brion	法國吉倫特（Gironde）	怡人顏色及香氣，酒體薄，稍欠勃艮第酒的溫暖性質，帶紫羅蘭香味。深紫酒色。
Beaume Muret Bessas, Burges, Landes Méals, Gréfieux Racoule, Guionière	法國德龍省 (La Drome)	隆河區酒的顏色比較上列酒深。當中的紅 Hermitage 最傑出，酒體優秀，散發怡人覆盆子香味。
Sillery	法國馬恩（Marne）	不帶汽的乾白酒，琥珀顏色，通常冰凍品嚐。
Ay	法國馬恩	優秀汽酒，顏色亮麗，含微泡。
Mareuil Hautvilliers Pierry Dizy Epernay "Closet"	法國馬恩	香檳區內最好的白香檳，各有輕微的顏色及含氣泡量差異，全都出色。
St. Bris Carbonnieux Pontac	法國吉倫特	極優秀高質白酒，淺棕色。香氣怡人，部份頗甜。

Sauterne		
Barsac		
Preignac, Beaumes		
Chateau Grillet	法國羅亞爾（Loire）	表現接近前述之酒
Hermitage	法國隆河（Rhône）	酒體厚、高酒精、香氣滿盈，其白酒是世上最細緻的。
Rivesaltes	法國東庇里牛斯（Pyrénées-Orientales）	酒體厚、濃之馬斯卡汀（Muscadines）
Colmar, Olwiller, Kaiserberg	法國上萊茵（Haut Rhine）	稻草酒（Straw wine），酒體厚，甜
Kientzheim, Ammerschwir	法國上萊茵	稻草酒，酒體厚，甜
Hermitage de Paille	法國隆河	稻草酒，酒體厚，甜
Amontillado Sherry	西班牙安達魯西亞（Andalusia）	細緻，不甜
Schloss Johannisberger	德國萊茵河（Rhine）	細緻，不甜
Lacryma Christi	意大利那不勒斯（Naples）	細緻，濃甜紅酒
Syracuse	意大利西西里島錫拉庫薩（Sicily Syracuse）	極細緻的紅蜜思嘉（Muscat）

Tokay, Essence 及其一級酒	匈牙利 Zemplin 鎮	酒體厚濃，亦可稱為 Tokay 或 Tokay-ausbruch
Cotnar	摩爾達維亞哥拿（Moldavia Cotnar）	酒呈綠色，極高酒精，不少人選它不選 Tokay
The Commandery	塞浦路斯（Cyprus）	酒體厚，濃，甜美
Constantia	非洲好望角（Cape of Good Hope）	甜美，有兩種不同風格之酒
Lagrimas	西班牙馬拉加（Malaga）	酒體厚，甜美

參考資料

- 有關維迪生平可參閱 David Hill Radcliffe: "Fifty Years' Recollections, Literary and Personal", http://www.lordbyron.org/contents.php?doc=CyReddi.1858.Contents

Genuine Wine Manufactory.

放在街上的大盤砵酒,原來是由海角紅酒、蘋果酒和清洗拔蘭地桶時收集得的渣滓混合
而成,還有地上的一包包化學物料。畫面右方應是酒舖,外牆寫著廉價酒。街道空無一人,
荒涼氣氛告誡大家假酒摧毀一切。

The smaller Wine Press.

葡萄經採收後，會放在圖中的壓榨機壓汁，作發酵用。維迪說有些人造紅酒時，會先用
腳踩葡萄，確保能擠出充足的葡萄外皮色素；造白酒時，卻從不踩葡萄。
一般壓榨機八呎見方，橡木製。

Bala Rama. the Hindoo Bacchus.

怪趣的印度酒神大力羅摩（Balarama），

怡然自得的東方神，

畫師的靈感從何而來？

Bacchus and Demeter, from a Cameo.

插圖正上方,是希臘神話中的酒神戴歐尼修斯(Dionysus,亦即羅馬神話的巴克斯 Bacchus),和掌管穀物與豐收之女神德墨忒爾(Demeter);下面是象徵色慾、暴力和智慧的半人馬。在古希臘艾琉西斯(Eleusis)地區,每年都有祭祀戴歐尼修斯和德墨忒爾的儀式。

洋書抵港——《美度廚師手冊》

The Cook and Housewife's Manual

1847年11月11日，Mackay & Co. 在《中國郵報》刊登廣告推銷新運來的書，列出近150本書的名字，當中有《美度廚師手冊》（*Meg Dods's Cook's Manual*）。

《美度廚師手冊》原名為《廚師及家庭主婦手冊》（*The Cook and Housewife's Manual*），作者姬絲·伊素貝·莊士頓（Christian Isobel Johnstone）生於1781年的蘇格蘭法夫郡，16歲與一名印刷商結婚，1814年離婚，一年後嫁給曾當校長的印刷商約翰·莊士頓（John Johnstone）。婚後，莊士頓經營了幾份報刊，伊素貝亦參與編輯及寫作。伊素貝寫過許多不同類型的作品，既有小說、生活常識書，更有為少年讀者寫的故事集。伊素貝活躍於蘇格蘭文壇，深受讀者及文人如德昆西（De Quincey）及司各特（Walter Scott）等愛戴。她在1857年8月26日去世，三個月後丈夫亦離世。

伊素貝愛以筆名寫作，雖然作品受歡迎但並不以真名出版，如1826年初版的《廚師及家庭主婦手冊》，作者名字是瑪格列度（Magaret Dods），附註指她來自聖浩朗冀琴旅店（Cleikum Inn）。瑪格列度是司各特小說《聖浩朗泉水》（*St. Ronan's Well*）內之角色，在司各特筆下，她打理冀琴旅店，廚藝了得。雖然伊素貝戲謔地把小說人物化為食譜作者，她卻是認真地編撰食譜。伊素貝修訂了多次《美度廚師手冊》，書的第八版在1847年印行，同年底出現在香港的一本會不會是這最新版？

伊素貝在書的第三版（1828年印）前言說「人是懂煮食的動物」，人類文明步伐與烹調科學的發展亦步亦趨，廚師要清楚個人責任及尊重烹飪藝術，她寫的食譜對已具烹煮經驗的人最有用，食譜內介紹的菜式，同時收錄普通及精緻的烹煮方法。她說法國菜精緻優雅，她也相信自己寫的法國菜章節勝過法國人寫的，有助英國廚師認識法國菜；其食譜更綜合英法兩國烹調傳統。1828年第三版的美度食譜內容大綱如下：

· 烹飪術語解說

· 烹飪概說

· 切肉須知

· 餐單設計及上菜次序常識

· 不同季節及月份選取食材須知

· 烹調法（煮、烤、焗、燒、炒）

· 湯

· 魚

· 蔬菜

· 醬汁和調味品

· 牛、羊、鹿、雞、兔等菜式

· 咖喱

· 肉腸

· 辣味菜式

· 蛋菜式

· 法國菜

· 各國菜式：蘇格蘭、愛爾蘭、威爾斯、德國、東方

- 糕點、忌廉、果凍、布甸、麵包等

- 甜點

- 酒

- 病人飲食、廉宜菜式及其他菜式雜說

- 風乾肉、火腿、牛油及芝士等製法

- 傢俬及衣物清潔法

《美度廚師手冊》談酒的章節出現在書的近結尾處，佔15頁。伊素貝沒有詳談酒的歷史、產國酒背景或欣賞酒的方法。她以實用為本，講解以下各類酒的自家製造法：

(一) 用拔蘭地、冧酒、威士忌、純酒精浸泡水果及香料而成的利口酒，例如：

- 古拉索橙酒（Curaçao）：將五安士苦橙的皮，混合少許糖打成膏狀，然後加入兩磅糖及一夸脫純酒精，置於溫暖處一星期後把渣隔掉便成。

- 櫻桃拔蘭地（Cherry Brandy）：將去了梗的 Morello 酸櫻桃或黑櫻桃，放進酒瓶至¾滿，然後注入拔蘭地或威士忌，三星期後隔渣並以丁香、肉桂或糖漿調味。

(二) 用水果發酵釀造的酒，例如：

- 薑酒：將15磅糖溶於10加侖水，加入12隻打混了的蛋白，然後煮熱，撇掉雜質後加進12安士去了皮及拍打過的優質薑，蓋上煲蓋同煮半小時後關火。溶液近全冷卻時，加進約一杯新鮮酵母，發酵一天後加四隻塞維利亞（Seville）橙及六隻檸檬的薄外皮。經兩天發酵後，把酒轉到木桶貯存約六星期後可裝瓶。

(三)啤酒,例如:

· 白雲杉啤(White Spruce Beer):將五加侖水、七磅糖塊和¾磅雲杉精油同煮,除去溶液表面的雜質後倒進發酵桶,接近完全冷卻時加入大約半品脫或更少的酵母,發酵三天後把桶密封,一星期後可裝瓶。

書內亦談及裝瓶方法、選取酒塞及封瓶蠟的常識。除了酒,伊素貝也講解了非酒精飲品製法,例如檸檬水沖劑:將一安士半酒石酸及三安士精煉糖一同搗碎,然後慢慢加入 ¹⁄₁₆ 分之一安士檸檬精油,將各物混合後,可分12份獨立貯藏,飲用時將一份倒進一杯水便成可口飲料。

《美度廚師手冊》與香港飲食文化

烹煮方法、食材選擇、人們對食物的偏好與信念,相互構成一個地方的飲食文化。文化傳播可以是透過身教言傳,例如移居香港的英國廚師教本地人做一頓傳統英式早餐;飲食文化亦可能是透過文字流轉承傳,例如依一本食譜去烹調。可會有活在十九世紀香港的廚師,按《美度廚師手冊》所教的做法去煮法國菜和英國菜謀生?伊素貝講解的菜式,可曾影響過十九世紀四十年代及往後的香港飲食文化?

來一個探索源頭的遊戲:帶著《美度廚師手冊》去逛香港的快餐店和茶餐廳,邊吃邊讀,看看能否在今日流行的菜式與醬汁(如白汁、茄汁)中找到伊素貝的影子。

假酒揭秘

Secrets of the wine trade

1850年4月24日的《中國之友與香港公報》節錄了一篇標題為〈酒業的秘密〉("Secrets of the Wine Trade")的文章，原載於1月28日（年份不明）《布魯塞爾先驅報》（*Brussels Herald*）。文章作者稱英國政府免除酒稅後，會少收稅款170萬英鎊，雖然政府可能因此要加收其他稅項或減省支出，然而減酒稅卻可遏止非法造酒，打擊走私及貪污。作者以政府數據反映假酒的嚴重情形，指出截至1835年的八年間，從葡萄牙出口往海峽群島的砵酒有210桶，但政府紀錄卻顯示這段時間從海峽群島進入倫敦的砵酒有2,072桶。作者認為與其讓酒商獨擁造假酒的知識，不如將搜集得來的各種造假方法公開，造福讀者。

許多酒商認為用少量鉛是無害的，造假酒時常用到鉛，《布魯塞爾先驅報》記者指出鉛是有害物質，製假酒時加入的微量鉛，會使酒變成慢性毒藥，所以造假酒者不但犯了欺騙罪，更犯了殺人罪。以下為《酒業的秘密》揭露的造假酒方法節錄：

染色劑

· 把大馬士革玫瑰（Damascene）或黑刺李（Black sloe）倒進深色葡萄酒，再加糖混合成漿。製成的染料每一品脫能將一桶酒染紅。

・假如些利酒的顏色太深，可以加入一夸脫暖的山羊或綿羊血，經隔濾後酒色便可變淡，其他酒的顏色亦可以此方法調校。

・將六安士檀香木浸在一夸脫葡萄酒酒精，14日後用紙過濾即成砵酒染色劑。

砵酒仿造法

・將三安士葡萄酒酒精，混合14安士蘋果酒、1½安士糖、½₂安士礬、½₂₄安士酒石酸、四安士洋蘇木（Logwood）汁即成。

・將四安士洋蘇木和半磅拍爛了的拉坦尼根（Rhatany root）浸於一加侖優質蘋果酒及兩夸脫拔蘭地，一星期後濾出液體，再與兩夸脫紅菜頭汁及三加侖蘋果酒共藏於木桶內一個月便成。

些利酒仿造法

在英國找到的些利，不少是假冒，方法是以廉價紅酒作基酒，加入清洗拔蘭地桶時收集到的渣滓、杏仁蛋糕香精、月桂櫻水（Cherry laurel water）、安息香樹脂（Gum benzoin），再按情況加入山羊血。

香檳仿造法

香檳價格高昂，英國商人熱衷仿造，其中一種方法是用水稀釋醋酸鉛，混合少量酒精，再加入少量硝酸及硫酸。製假香檳的原料都是有害物質，可能導致突然死亡。

大部份在英國發售的次級香檳，都是由多種酸度高的水果如鵝莓之果汁製成，在赫里福德郡，人們就在大量種植可製酒的梨。

防止葡萄酒變壞的方法

將一磅溶解了的鉛倒進酒桶，桶轉微暖後，蓋緊桶塞便可。

令混濁酒變清的方法

將石膏、新鮮熟石灰、合桃般大小的醋酸鉛、一茶匙硒，倒入 40 加侖濁酒即可。

〈酒業的秘密〉呈現了在十九世紀中香港可以找到的造假酒知識，作者原意是希望透過公開造假酒的方法，令讀者可以認識假酒的有害成份，然而其詳細描述，可能反會被存心造假但苦無名師的人利用，1850 年間有沒有港人依照報紙所教，造假酒謀利，倒是個謎。

耆英訪港與中西晚宴

The visit of Keying and dinners

1845年11月20日，清廷兩廣總督愛新覺羅耆英，應港督戴維斯邀請來香港會談。《中國之友與香港公報》作了兩次報導，第一篇刊於11月19日，譏諷政府應已在耆英暫住的房子用公帑準備好葡萄酒、櫻桃拔蘭地和啤酒。第二篇刊於11月22日，簡述耆英首日活動。《中國郵報》則在11月27日刊出逾5,000字的報導。未知是否稿源短缺，又或是確保讀者不會錯過瞭解耆英的訪港經歷，郵報在12月4日不尋常地重刊了原文一次，以下為此報導之撮要：

1845年11月20日星期四接近日落時份，耆英乘雌狐號（Vixen）蒸汽輪船1抵達香港。船上還有港府派往廣州陪同耆英的香港首席裁判司威廉堅（William Caine）、商務總監秘書艾瑪理（A. W. Elmalie）及殖民地中文秘書郭士立牧師（Rev. Charles Gutzlaff）。

當耆英踏上岸時，群眾點燃三排大爆竹。耆英坐在八人大轎上，由拿著木製兵器及高舉著巨型彩色布帳之士兵開路，最前方的是奏著鐃鈸、鑼及吹管樂器的樂師。當晚耆英入住巴斯商人羅心治（D. & M. Rustomjee）2借給香港政府作接待用的皇后道房子。

第二天早上，威廉堅與港督戴維斯拜會耆英，耆英看見穿了法官制服及假髮的威廉堅，禁不住笑起來。下午，耆英拜訪戴維斯，並一同於下午4時在皇后道檢閱英軍。當晚，戴維斯設宴，更在用餐後舉辦舞會，讓城中仕女於9時後與耆英見面。耆英只在舞會逗留了一會兒便離開。

第三天早上，耆英與郭士立會面，下午與戴維斯談了近兩小時，然後一同參觀新落成的軍人醫院。晚上在掛滿彩旗、燈火通明的亞金科特號（Agincourt）上進餐。

耆英抵港的第四天早上，戴維斯與他乘坐 Pluto 號作環島遊，起伏無定的海浪令耆英感覺不適。晚上，駐港英軍司令德己立在家中設宴款待耆英和一眾中英官員，港督6時30分左右到來，耆英與五名中國官員則於6時45分到達。用餐的地方不大，只能坐16人，牆上掛有中國及英國國旗，門楣有深紅色絲質掛聯。德己立坐在中央位置，耆英與廣東巡撫分別坐在其左右，戴維斯坐在耆英旁。席間德己立先向清帝及英女皇祝酒，再敬耆英，耆英非常留心聆聽翻譯，然後舉杯向戴維斯和德己立祝酒。這夜耆英吃得開心，主動唱了首滿洲歌。

晚飯過後，大家轉到另一廳房，與在那兒守候的海陸軍軍人和家屬見面。耆英在場內行了一圈，與女賓客逐一握手，把身上的小錢包及唸珠送給當中幾位。他更把一名七歲女孩抱在膝上，將自己的飾物套在她的頸。在場中，耆英被一已婚婦人吸引，命人找來一條絲手帕，要求與她互換手帕留念，然而被女方尷尬地婉拒，耆英禮貌地道歉。

離港前一天，中英雙方進行最後一次會議。晚上，耆英宴請戴維斯。《中國郵報》記者驚訝邀請函上寫的用餐時間是晚上6時，比一般晚宴早許多。耆英親自在港督下車處迎接他，引領他到一房間內，讓他坐在中央，自己坐在其左側，其他客人坐在房內兩旁的扶手椅子，椅子與椅子間有一細桌，侍從用有杯蓋的杯給客人上茶。晚餐在樓上飯廳進行，裡面不斷奏著中樂。在飯廳內耆英坐在正中位置，他的左側坐著戴維斯，右邊是德己立。

記者說這頓晚餐有別於杜赫德（Du Halde）、白晉神父（Bouvet） 3 及其他現代作者筆下的中國餐宴，賓客並非一人如一小枱，而是採納英式的一大張餐枱。每位客人面前擺了一隻碟，碟的一邊放了筷子，另一邊放了刀、义及匙羹。雖然中國人大多用筷子，為表禮貌偶爾亦會用刀、叉和匙。

枱上像堆金字塔般擺了蜜餞、酸菜及瓜子，記者判斷這些可能只是裝飾品，枱上亦有一小碟伴酒吃的甜肉及鹹點。晚餐開始時，侍從給客人奉上一碗大小如英國早餐杯的燕窩湯，記者說似在英國可以吃到的細圓麵條（Vermicelli），感覺並不值傳言的名貴。隨後奉上的是一窩窩的湯和燉菜，依次序有鹿湯、鴨湯、魚翅、栗子湯、燉豬肉、菜餅跟另上的醬汁、鹿筋湯、鯊魚皮湯、花生鍋、膠質豐富的鹿茸湯、東菇栗子湯、蜜汁火腿、煮竹筍、炆魚肚、熱糕、凍果醬酥及許多記者不清楚是甚麼的菜，大多以豬肉、蔬菜及鴿蛋當配菜。除了湯，枱中央還有烤孔雀、山雞、火腿等。記者說這個晚上的奇特菜式，令就算是識見廣博的美食家也會不知所措。

記者說中國官員每遇上精緻菜式，都會主動挾一些放在鄰座客人的碟上，耆英不只一次用筷子將自己碟上的餸往鄰座客人口中送。據前文，戴維斯坐在耆英旁，假如客人沒換過座位，就表示耆英曾經將餸挾往德己立或戴維斯口中。

侍從上了數次茶，整晚卻沒有見過飯的影蹤。記者指出戴維斯在其著作中曾說過飯的到臨象徵餐宴將接近尾聲，而這晚的盛宴好像是沒有終結的。

這晚亦有不少精彩的葡萄酒、利口酒及中國燒酒。中國官員都熱心邀請賓客喝酒，他們喝酒時並不滿足於簡單的呷一口，而是一大杯地嗒，喝罷會把杯口倒轉放枱面，以示酒沒餘半滴。座上有一名滿洲人非常愛喝酒，喝過香檳、葡萄酒後再嗒 Maraschino 與 Noyeau；他每喝一口都會大叫一聲好。

晚餐過了三個小時後，耆英站起身向天后祝酒，這時侍從把數張鋪了深紅色布的小枱拿出，從房間的一端排至另一端，再將燒豬、火腿、禽鳥及其他食物放在枱上，讓廚子切肉。切出來的豬、羊等肉都放在枱上，客人並不取來吃。這時，僕人再奉上水果、甜點、葡萄酒和燒酒。記者相信這是向天后祝酒祈福的儀式，象徵在吃完先前的豐富菜式後，主人家仍可繼續不停供應佳餚美酒，讓客人油然生起感謝上天的恭敬心。

再過一個小時，枱上還剩下未吃掉的食物，待從奉上甜品。吃甜品前，大家向英女皇和中國皇帝祝酒致敬，其時大家熱烈鼓掌，中國官員不但拍掌更拍枱表示欣喜。由於在座有法國及瑞典籍賓客，大家亦向法國及瑞典皇帝祝酒。戴維斯應耆英要求唱了一首歌，耆英亦唱一首，德己立、多名中英官員及《中國郵報》的主持人蕭德銳（Andrew Shortrede）亦各唱一首。

未知是即興或預先準備，耆英取出兩朵大麗花（Dahlia），在頭上轉了一圈，然後放近鼻子，再分別交給德己立及戴維斯，請他倆把花傳給鄰座，其時樂師打起鼓來，一刻間鼓聲停下，手中有花的客人被罰飲一杯酒。

大約到了11時，晚宴結束。第二日早上6時半，耆英返回廣東，港督和德己立分別在耆英住處外和碼頭與他道別。

1845 年 11 月耆英的香港訪問，是一個政治事件，亦是充滿想像空間的飲食文化事件。耆英可會有專責廚務的部下從中國到港，在飲食文化上作中英外交對弈，用一頓飯展示國力，藉菜式令對方臣服、讚嘆？賓客吃的燕窩、鹿肉、魚翅是隨船從廣州或更北的地區運來，又或是全來自香港市場？耆英住的是巴斯商人羅心治的大宅，巴斯人的屋可會備有中國人烹調的器具如鑊、蒸籠？

耆英作東道主的晚宴，餐桌上放了筷子、刀叉供客人選擇，反映安排飯宴的滿清官員瞭解中西食具差異，沒有強把中國飲食習慣硬套在外國客人身上，尊重客人的文化。

當晚吃的是中國菜，飲的卻是葡萄酒、香檳、Maraschino、Noyeau 等。以洋酒伴吃中國菜並非特殊安排，在 1841 年 1 月 27 日，琦善與義律（Sir Charles Elliot）在蓮花山會談，當日琦善不但準備了豐富的中國佳餚和蘇格蘭羊肉、鹿、松雞等歐洲美食，更有香檳、櫻桃拔蘭地、德國白酒奉客。4

在《中國郵報》記者筆下，50 來歲的耆英身形高大，目光閃爍，威嚴有禮，談吐舉止像老派英國紳士般，富幽默感。這篇報導的部份資料可能來自郵報主持人蕭德銳，他曾是耆英離港前那場晚宴的座上客。報導並沒有談耆英訪港目的和當下中英關係，舞會、祝酒、已婚婦人、湯餚、唱歌、遊戲、酬神等的細密描述像把一切非政治化。

三年間兩個相同的動作

在耆英作東道主的晚宴中，耆英把餸菜往戴維斯口裡送的行為，可會是耆英特有的習慣，又或是當時中國官員的禮俗，大家一點也不感覺怪誕？

耆英的送食動作，對熟悉中英外交的戴維斯和郭士立未必會是驚訝事。三年前，1842年8月26日，耆英在江寧城與亨利·璞鼎查談論《南京條約》時，就曾出現過類似的場面。英方隨員利洛在《締約日記》中如是描述當時情景：

「當我們入座之後，音樂又作，似比我們第一次所聽到的較好，在我們吃飯時，一直未停。年輕的戴白頂子的官吏們端茶敬酒，捧上點心，幾位欽差通過翻譯，和大使談天。各種的食品如細肉餡的點心、豬肉、竹笋、肉絲湯麵、豬耳湯和許多別的奇怪的菜品，盛在小瓷碗中，置於銀碟之上。一樣一樣地上來，我們吃的越多就越引起觀眾的讚嘆，但人類的食量究屬有限。最後耆英為了表示致敬，要求亨利爵士將嘴張開，用靈巧的手法扔進幾塊大的糖餞梅子。」5

三年間相似的送食動作，都發生在耆英與港督之間。1842年耆英將糖餞梅子扔進璞鼎查口裡的一刻，像是1845年挾餸進戴維斯口裡的動作原型。是巧合，是刻意的模仿再現，又或是歷史、時間在自我重複？

註釋

1 雌狐號建於 1841 年，長 180 呎，船幅 36 呎，船上裝有蒸汽推動的槳輪，是當時英國
   海軍為數不多的蒸汽輪船（在清朝的奏摺被稱為火輪船）之一，1842 至 1846 年間在
   中國海域服役。Lt Cdr L. Phillips: *Pembroke Dockyard and the Old Navy: A Bicentennial History.*
   Stroud: History Press, 2014.

2 全名為打打友 · 曼諾克治 · 羅心治（Dadabhoy and Maneckjee Rustomjee），早於十九
   世紀三十年代已在廣州十三夷館中之巴斯館經營。在 1932 年，其公司的阿勒斯號
   （Agnes）是第一艘從南方駛往北方開發走私鴉片生意的飛剪船。在 1839 年 3 月 27 日，
   羅心治按林則徐的銷煙文告《示諭夷人速繳鴉片煙土四條》，於廣州交出鴉片供清廷
   銷毀。郭德焱：〈清代廣州的巴斯商人〉、〈巴斯商人與鴉片貿易〉，載《學術研究》
   2001 年第 5 期。

3 杜赫德（Jean-Baptiste Du Halde，1674-1743），法國神父，1735 年出版根據傳教士見聞
   撰寫的《中華帝國全志》，介紹中國地理、歷史及文化，是歐洲漢學的經典。但他本
   人從沒踏足中國。白晉（Joachim Bouvet，1656-1730），法國耶穌會傳教士，1684 年受
   法皇路易十四選派，出使中國傳教，1688 年進北京，獲康熙聘用。他曾為康熙講授歐
   幾里得幾何。1693 年，康熙派遣他出使法國。白晉亦有參與測繪中國總地圖《皇輿全
   覽圖》。

4 Duncan MacPherson: *Two years in China. Narrative of the Chinese expedition, from its formation in*
   April, 1840, to the treaty of peace in August, 1842. London, 1843, p. 82.

5 戴逸、李文海主編：《清通鑑》第 14 冊，太原：山西人民出版社，2000，頁 5948-
   5949。

英國人的舞會

Parties and masquerade balls

活在十九世紀四十年代香港的英國人似乎都愛跳舞。

1845年11月21日，港督戴維斯以餐後舞會款待訪港的耆英。

1846年5月26日星期二香港會的開幕禮是個舞會，賓客如雲，深夜12時大家享用豐富大餐，然後跳舞至深宵。1

愛德華基爾醫生

駐港英國海軍艦隊的31歲醫生愛德華・基爾（Edward Cree），多次在1845年的日記中談及跳舞和派對。

2月14日星期五，海軍主辦划船比賽，晚上6時，近140人在亞金科特號（Agincourt）上進餐，餐後跳舞，到了11時又大吃一頓，然後再跳舞至凌晨2時。

3月17日星期一晚上，基爾參加第18兵團的舞會，男女賓客比例是十對一。舞會齊集城中最年輕及最年長的女士，當中有一名帶男孩氣的女郎極愛香檳，她與姨母住在快活谷。

3月25日星期二，基爾與友人租帆船郊遊野餐，一行約九人，有男有女，還帶了鋼琴。途中風雨大作，船沒法泊往原定去的海灘，只好折返。這夜在雌狐號（Vixen）吃晚餐，餐後天氣轉好，大家在船後甲板跳舞至午夜，樂手彈琴伴奏。第二天，同一伙人加上其他人在城中朋友家再聚首跳舞。

3月27日星期四，基爾參加馬德拉斯第四步兵團（4th Madras N.I.）的派對，跳舞至凌晨3時，天氣熱，大家跳得累。人不算多，只有18女、24男。

4月22日星期二，基爾寫道：「沒什麼可記，除了晚餐、跳舞與調情。」

4月25日星期五，基爾晚膳後拜訪朋友家，一起聽音樂與跳舞。

4月30日星期三，基爾邀請朋友參加軍艦上的晚餐派對（Dinner party）。

5月5日星期一，基爾出席大型派對，場中有音樂、冰凍香檳、豐富晚餐與綠茶賓治，凌晨2時護送女伴離開。[2]

1851年1月3日都爹利先生化裝舞會

1850年12月28日的《中國之友與香港公報》有這樣一則廣告：

都爹利先生誠告各界，一個大型化裝舞會及晚宴，將於 1851 年 1 月 3 日（星期五）晚上，假座維多利亞劇院舉行。

門券 5 元，可於交易拍賣市場購買，門卷發售至舞會前一天。

第 59 軍團上校及軍官們熱心讓軍樂隊於當晚助興。

晚上 9 時準時開門

香港，1850 年 12 月 23 日

這年間在香港演出的奧林匹克馬戲團（Olympic Circus），門券賣 0.5 至 2 元；一份《中國之友與香港公報》賣 0.25 元，三個月訂報費為 5 元；澳門旅館（Macao National Hotel）一天租金要 1.75 元。都爹利的化裝舞會（Grand masquerade ball）入場費是 5 元，便宜嗎？

都爹利沒透露舉辦化裝舞會之目的是籌款或是為了慶祝什麼，大家難以判斷這是否一盤生意又或志在談笑玩樂，讓人暫忘枯燥的殖民地生活。除了廣告，這個化裝舞會沒有其他文字痕跡，舞會的場地卻給留白了的歷史築起想像階梯。

化裝舞會充滿戲劇性，巧合的是，這次舞會的地點正是早期香港戲劇演出的主要場地。在殖民管治初期，香港政府鼓勵戲劇發展，望藉此提供健康娛樂給離鄉別井的軍人。1842 年 11 月，自新加坡來港的法國人段湯關（Gaston Dutronquoy）在其倫敦旅館（London Hotel）後面搭建名為皇家劇院（Theatre Royal）之表演場地，還僱用了漂亮的女演員，劇院 11 月底開幕。12 月 17 日，段湯關突然離開香港，旅館與劇院結業。

1845 年 12 月至 1846 年 6 月，一個獲港督支持的業餘劇團，在華人區內的中國戲場地演出。演出過後，社會上多了建議另建劇院的聲音，1846 年 2 月，一班志同道合者開會討論劇院選址及集資安排，最後議決在香港會（Hong Kong Club）後面雲咸街的山丘蓋建維多利亞劇院（Victoria Theatre），這塊地的業主正是都爹利。一個月後，都爹利把土地向南的一半賣給香港劇團（Hong Kong Theatrical Company）。兩年後劇院建成，劇團卻因財困將劇院轉讓給都爹利。1848 年 11 月 11 日，維多利亞劇院開幕公演，節目包括鬧劇與滑稽歌曲，經費獲港督般咸支持，他卻因傷沒有出席。報紙記者指劇院相當通風並有充足照明。在往後日子，劇院生意一般，常被用作會議及舞會場地。3

1846 年 1 月的軍營化裝舞會

1846 年 1 月 22 日的《中國郵報》以「軍營化裝舞會」（Garrison Fancy Ball）為題，報導上星期四的軍營舞會。舞會大約有 250 名賓客，晚上 9 時開放，半小時後駐軍總司令恭迎港督進場。豐富晚餐在接近凌晨開始，大家餐後繼續跳舞至清晨 3 時。

記者說這個在港首次舉辦的化裝舞會非常成功，雖然城中缺乏時裝店，賓客仍花盡心思裝扮赴會。當晚女賓不多，還幸幾名以女性裝扮現身的男子漢彌補了這空缺。表現最出色的是來自亞金科特（Agincourt）號的一位青年人，他舉止完美，樣貌娟秀溫柔，吸引了不少男子邀其共舞，有人在跳完舞後，亦未發覺共舞者原來不是女兒身。

可能殖民地的化裝舞會都是過眼雲煙，杯盤狼藉，記者編不出大是大非的報導，唯有轉載同行《記錄報》列出過的當晚被模仿人物，讓讀者藉想像重塑角色，代入觀眾或化裝者取樂：

· 法皇路易十五近身侍衛

· 英皇查理二世

· 馬來族長

· 聖殿騎士

· Judy M'Can

· 獵人

· 廚房女僕

· 十七世紀保王黨人

· 愛爾蘭收割者（死神）

· 賣掃帚女郎

· 騎師

· 法國舞蹈大師

· 法國學生

· 兩名灰衣修士

· 中國女郎

· 兩便士郵差

· 中國官員

· 有兩名隨從的蘇格蘭高地釣魚者

· 韃靼皇室

· 塞浦路斯漁人

· 兩名婆羅洲酋長

· 車夫

· 蜑家女郎

· 獵人赫恩（Herne the Hunter）

· 蘇格蘭女郎

· 羅賓漢

· 馬爾他武士

· 十六世紀英國貴族

· 十七世紀英國貴族

· 切爾克斯人（Circassian）

· 埃及人

· 土耳其人

· 阿拉伯人

· 波斯人

· 美國人

· 三名巴斯人

· 阿爾巴尼亞人

· 葛雷沙姆爵士（Sir Thomas Gresham）

· 韃靼大官

· 穿蘇格蘭裙的男人

· 兩名穿蘇格蘭褲的男人

· 南美洲騎士

· 墨西哥紳士

· 威尼斯人

· 騎師

· 馬尼拉人

· 丹第丁蒙（Dandy Dinmont）

· 巴道夫（Bardolph）

· 律師

· 魯道夫（Rodolph）

· 紐西蘭酋長　　　　　　　· 路易十五時代的法國長官

· 兩名英國水兵　　　　　　· 閒逛夫人（Mrs. Toddles）

· 小紅帽

化裝舞會參加者藉著服飾、動作、聲音、典故，再現殖民地社群共通之嘲諷、恐懼與盼望的想像。被偽裝的角色沒有任何邏輯關聯，查理二世、賣掃帚女孩、灰衣修士平等共處，交織成別異的歷史想像。

註釋

1　*China Mail*, 28/5/1846.

2　Edward H. Cree: *The Cree Journals: The Voyages of Edward H. Cree, Surgeon R. N., as Related in his Private Journals*, 1837-1856. Webb & Bowyer, 1981, pp. 143-148.

3　有關維多利亞劇院的興建經過，請參閱 Carl T. Smith, *The Hong Kong Amateur Dramatic Club and its Predecessors*. Hong Kong: Royal Asiatic Society Hong Kong Branch, 1982.

酒與詩

Wines and poets

詩人是離群飽學之士

酒醉時狂歌

為了酒可押掉衣裳

激情如刺鞭驅策下之飛馳戰馬

滿溢酒杯他誓說是瑰寶

買酒錢怎付？

為何總要衣服抵償

酒是歌之父，他將以無限的愛榮耀父親

他永遠虧欠父債，能虧欠是光榮，驕傲與欣喜

他可能身無分文，但當仍能飲，仍能歌，何須憂煩金錢

飲酒與唱歌是詩人的本份，似是瘋癲，實乃狂喜

與狂喜同遊，遊歷本該如此

榮耀與財富皆微塵

在純潔與可愛－崇高和光明，他陶醉與反抗，活在它們的光輝裡

為了酒他樂意奉獻最後一分錢，那管要海中撈月

不怕危難－別人夢想的他也夢想，別人的願望對他同樣真實

生命的狂喜只屬他

歌照亮他的酒，酒照亮他的歌

這是刊登在 1851 年 9 月 11 日《中國郵報》一首英文詩 *Chinese Bacchanal Song*（中國酒樂之歌）之試譯。署名 B. 的作者給了詩一個中文名「海中撈月騷人酒後狂言」。

詩常見於 1841 至 1851 年間的《中國之友與香港公報》及《中國郵報》，內容既有轉載自英美書刊，亦有來自廣州、澳門和香港的創作，大多以筆名發表。報紙上的詩內容多是對世俗生活的輕鬆反思，以酒為題的較少見。

上文引述的詩同時擁有中、英詩名，詩人可能懂中文，並知道喝醉了的李白在采石磯錯認水中影為天上月，水中撈月，醉沉於茫茫水中的傳說。詩沒有附寫作時間及地點，以筆名 B. 發表的作者可有在香港生活過？作者可會曾經在香港遇上一個又一個浪蕩酒徒，愛莫能助，惟有藉詩抒懷？說不定作者也愛酒，要用文字記下醉酒狂歌之樂。

刊登在 1845 至 1851 年間《中國郵報》的部份詩：

刊登日期	詩名、作者、寫作日期及寫作地
21/8/1851	*La Grotte de Camoens*（法文詩） 作者：Jules Zanole　創作日期 17/5/1851　作於澳門
31/7/1851	*A Satire on Female Rivalry* 作者：S. G.　創作日期 25/6/1851　作於中國
10/7/1851	*Domestic Sketches* 作者：Eros　創作日期 10/5/1851　作於香港
19/6/1851	*Before and After Marriage*

作者：Eros　創作日期 7/5/1851　作於香港

12/6/1851

Cupid Captive

作者：Eros　創作日期及地點不詳

21/6/1849

A lesson in Orthoepy

作者：A.　創作日期及地點不詳

14/9/1848

War

作者：Coleridge　創作日期及地點不詳

23/9/1847

The Installation Ode

作者：William Wordsworth　創作日期及地點不詳

7/1/1847

To an Absent Wife

作者：G. D. F.　轉載自 *Louisville Journal*

3/7/1845

This is My Eldest Daughter, Sir

作者：Thomas Haynes Bayly　創作日期及地點不詳

報刊飲食文字摘錄

Extracts of gastronomic writing in newspapers

刊載在 1842 至 1851 年間《中國之友與香港公報》及《中國郵報》的文章，有本地民生的報導和評論，例如法院判決、談新通過的法例、報導中國官員訪港、記述城區火災或刊登讀者來信，都是當下香港生活的見證。報紙上的文章亦可能與香港沒有直接關聯，如英國、中國、亞洲地區的新聞及外國報刊的文章摘錄。

《中國之友與香港公報》在創立初年甚少轉載時事以外的文章，由 1845 年起才漸漸多見外國報刊雜文。

《中國郵報》初面世時已經有轉載外國報刊文字，而且多放於頭版廣告欄附近，由此可推斷當廣告數量未能填滿版面時，編輯就會剪裁外國報刊文章，填滿剩餘版面；同樣地，假若某天編輯排報紙內頁時，沒有足夠本地或周邊地區的新聞稿，他可能也會剪裁外國報刊文章去填剩餘的版面。

出現在《中國之友與香港公報》及《中國郵報》的轉載文字有不同風格，《中國郵報》較多幽默文字，散發著較輕鬆玩樂的氣息，涉及飲食文化的文章出現頻密，曾在刊出烈酒出入口數據幾天後，刊出談論啤酒及咖啡消耗的文章，給予讀者首尾呼應的感覺，看來編輯是個喜愛飲食文化的人。另一方面，滲透著禁酒思想的言論多次出現在《中國之友與香港公報》，是巧合又或是編輯們宗教思想的彰顯？〔浸信會宣教士叔未士牧師（Jehu Lewis Shuck）在1842年間曾參與該報的編輯工作。〕

那些文章之原作者和原報刊的目標讀者群並不是香港人，每段文章被摘錄，可能源於香港報紙編輯的個人愛惡，亦可能是他們對香港讀者所關心題材的投射。被轉載的外國報刊文字性質包羅萬有，涵蓋政經討論、生活常識、名人花絮、文學作品、歷史典故、幽默笑話，例子如下：

《中國之友與香港公報》	《中國郵報》
· 蘇格蘭穀物收成（18/3/1846）	· 中樂的音階（11/9/1845）
· 廣告帶來的財富（10/4/1847）	· 英國穀物法（13/8/1846）
· 反吸煙者的見證（12/5/1847）	· 論現代報紙（7/1/1847）
· 吸血蝙蝠（13/11/1847）	· 穿衣的藝術（23/9/1847）
· 論名字的意義（12/2/1848）	· 華茲華斯（William Wordsworth）詩作
· 真誠與虛假的禮貌（17/3/1849）	（23/9/1847）
· 論中國服飾（30/5/1849）	· 雞蛋保鮮法（28/10/1847）
· 巴黎滅鼠記（17/4/1850）	· 有關俄國的統計資料（6/4/1848）

報紙是文化、知識、意見、理念的載體。刊登在1842至1851年間香港報紙的文字像散落在歷史裡的破碎鏡片，從不同角度反映這時代香港的生活點滴。以下與飲食有關的摘錄，說不定曾經影響過十九世紀中香港人的見解與信念，成為日常飲食文化守則？

治療酗酒的方法 ｜《中國郵報》24/9/1846

來自俄國布列斯特立陶夫斯克（Brzesc Litewski）的史喜柏醫生（Dr. Schreiber）之獨特戒酒法：將酗酒者置於一房間內，每天給他混了⅔水的拔蘭地，及混有⅓拔蘭地的葡萄酒、啤酒及咖啡，還有浸過拔蘭地的食物、麵包和肉。經過五天治療後，他會討厭拔蘭地，渴望吃其他食物，然而我們仍只給他混有拔蘭地的飲食。最後他會完全喪失飲食意欲，酗酒惡習全消，看到酒便想嘔吐。（文章原出處不明）

健康小忠告 ｜《中國郵報》15/7/1847

不要吃太多，以免消化不良，餐與餐之間應分隔五至六小時。商人及專業人士須避免長時間禁食。餐後不要立即工作，應該先休息一小時。不要吃不合時的食物，亦不要吃平常沒習慣吃的東西。晚餐飲太多烈酒會影響消化，避免沉迷飲酒，飲過量烈酒會危害健康，水是最有益的飲品。

控制得宜的肌肉運動有助長壽。缺乏運動的人要爭取機會多走路。運動時感覺痛楚便應該停下。文人站著書寫比坐著更有益健康，站累才坐。經常用軟坐墊是會損害身體的。於室內工作時不應用蒸氣、熱水、燃氣或密封式暖爐，應選開放式火爐，使室內空氣更流通。

精神受刺激是胃痛、躁狂、瘋癲等病之其中一個主要成因。沒什麼比保持祥和、快樂、滿足的心靈更有益，使人長壽。少動腦比多用腦健康，精神過度活躍會導致憂鬱症。選擇職業時需要考慮個人天賦及性格。住在城市的人到田野、臨水之地及海灘遊玩是極有益的。婚姻有利健康，但不宜太早結婚。煙草有害消化，並使神經放緩。〔摘錄自《卻蒂斯論健康》（*Curtis on Health*），原載日期不明〕

……法國酒的愛好者，主要是有能力經常享受盛宴的貴族階層。食物與飲品的關係密切，一頓粗拙或普通的英式晚餐，會令薄身波爾多酒失色。波爾多酒並不能配襯羊腿及牛排，只適合配搭清淡食物，而且只有這樣，酒才可能幫助消化。時下英國人吃法國菜時，甚少選配法國酒，他們普遍批評法國酒平淡乏味、酸烈、性寒、不合腸胃。事實上，大部份批評者的味覺早已被烈酒損壞！每100個住在法國的英國中產階級，當中可能只有一個人懂得欣賞法國葡萄酒，大多數人只會選擇劣質拔蘭地。對身心健康最有益的葡萄酒，只有極微機會在英國流行。現在人們選的是勃艮第而並非波爾多，而味道有如劣質砵酒的聖佐治（St. George）及塔維爾（Tavel）往往比勃艮第更被英國人受落。事實上，就算只是略為飲用，這些酒亦會損害身體。

人們普遍認為薄身酒並不適合寒冷氣候的地方，其實考慮正確的食物配搭比天氣因素更重要，難道法國的冬天不是比英國的更寒冷嗎？在最嚴寒的季節享受一頓佳餚時，人們絕不會抗拒波爾多紅酒，波爾多尤其受那些認識甚麼酒對健康有益的人所歡迎。食物可以幫助大家更好地享受薄身葡萄酒。吃牛扒或羊肩時，有些人會飲4便士或8便士一瓶的紅酒，亦會有人只飲清水。今天那些進餐時飲啤酒、碴格（Grog）、些利或熱砵酒的平常食客，並不會轉飲他們喜歡冠予各種壞名字取樂的波爾多酒。

只有改變烹調方法才能改變人的飲酒偏好，要是大家仍吃未熟的烤肉或那些與蔬菜一樣焓煮得未熟透的肉，大家仍然只會選較厚身的酒或烈酒。廚房與酒窖的關係非常密切，那些被稱為平實的廚師，根本名不副實，他們令人只懂得飲甂酒。假如我們國家的廚師水準能夠提升，減少法國酒關稅的決定將會帶來跟現在大家預計的完全不一樣的結果。假如波爾多人能洞悉其自身利益，他們應該派遣飲食代表來英國為波爾多酒鋪路。

英國菜的不幸在於其材料太卓越，當 Goldsmith 先生說假如法國能有肉店的肉，法國人將會是好廚師時，他罕有地說錯了話。事實上，法國廚師的優勝處在於他們能夠烹調英國人鄙棄的次等肉。齋戒日子和多筋的瘦牛肉建立了法國廚藝，我們不能想像英國可以經歷同樣的發展。物資貧乏令愛爾蘭人學會做湯。廚藝是人類共通的東西，要成為廚師所需要的條件並不比畫家多，亦肯定比音樂家少，不過奇怪的是你會經常聽到人們熱切地談論他們的廚師，就好像他們的廚房裡收藏了一個藝術家。在往昔人們都相信巫師的存在。古諺說一頂長帽子成就不了一個修士，現在可以肯定的是只有薪金才能產生好廚師。

我們的政府已經購入橪耶（Soyer）的廚房系統，並設置在都柏林作示範，愛爾蘭人因而可以學習到烹調的基本法則。在英國，我們需要烤肉機、串燒器、馬鈴薯煮器，雖然在沒有掌握煮馬鈴薯的技術前，馬鈴薯極有可能已經絕跡。我們應該給那些能夠烹調羊肉與馬鈴薯的廚師送上一份精美的禮物，然而，究竟有多少人能夠成功？〔摘錄自《審察者》（The Examiner），原載日期不明〕

烹飪：用途與濫用 ｜《中國郵報》2/9/1847

讀者會否原諒我們淺談那被蒙田（Montaigne）譏笑為口部科學（La science de la gueule）的烹飪？在美度（Meg Dods）的著作前言，人被形容為「會煮食的動物」。雖然某些上流階層不屑討論進食這平庸的行為，他們倒沒有放棄進食。就算是悲劇女主角，也會偶爾現身餐宴。儘管烹飪藝術被那些易犯錯的人取笑，世上可沒有其他學問可獲這同一撮人的樂意支持。如伏爾泰所言，烹飪能影響健康、情緒、個人、國家及人類的利益。

……尊貴的孔代（Condé）親王設宴款待路易十四，其主廚華蒂（Vatel）因為要用的鮮海魚未能依時到達，憤而自殺。這確實是個極端事件，據聞華蒂曾說道：「我永不能忍受這恥辱。」出色的廚藝家都愛自滿地談自己的技巧，談廚房時像在談實驗室工作，更自比拉瓦節（Lavoisier）能掌握複雜的奧秘。廚師為什麼不可以自傲？戰士、哲學家、詩人能夠激起這麼多的讚賞嗎？愛國者和政治家能夠如此直接影響君主的行為、國家財富和帝國的命運嗎？當雪萊（Shelley）把拿破崙的侵略性歸咎於其嗜吃肉的習慣時，雪萊可能是有點兒偏激，然而，胃、心靈、性格和生命之間的聯繫，畢竟比大家能想像到的更緊密。

在世界上每一角落，烹飪藝術與文明的發展亦步亦趨，人們寫了一本又一本食譜，鉅細無遺地傳揚烹調知識，不少人都像傑卓拿博士（Dr. Kitchener）般一手拿著烤肉叉，一手拿筆，在追求名聲與成就之餘，留下典故逸事。被譽為烹飪革新者及倫敦眾廚之首的橡耶，某回身處一間藏書豐富的圖書館，他的目光溜過書架上的莎士比亞、彌爾頓、洛克的著作，忽然被一本標題寫著第 19 版的書所吸引。橡耶好奇什麼作品能如此受歡迎，拈起書隨意翻，揭開的一頁寫著「牛尾湯製法」。……假如沒有了湯或其他美食，傑出的散文家和詩人會變成怎樣？法國人愛說：「湯成就了士兵。」

巴黎人從意大利借來烹飪術，將廚藝推至無人能及的高水平。英國鄰居儘管鄙視田雞和其他美食，他們的廚藝其實並不遜於法國人。威廉大帝曾為了未煮熟的禽鳥，差點把親信打死。英國人尤其看重晚餐，莊臣博士（Dr. Johnson）曾說道，沒有許多事會令人如此認真去思想，為了一頓晚餐，人辛勞工作，為了能安靜地吃，人追求好的政府。

……烹飪知識能夠改善經濟，教導人們如何用極少量材料弄出可以給許多人飽嚐的飲食，也教導如何用棄置的材料煮出可口的食品。「上天賜美肉，魔鬼賜廚師」，這句話肯定是因暴飲暴食至消化不良的人所創作。廚藝可能是富人的墳墓，卻是窮人求生之道。

……傑卓拿博士認為與其發免費湯，不若教導人們如何煮湯更能解決問題，他說：「在派湯處浪費的等候時間不會少於三個小時，若是用這些時間工作，無論薪酬如何低，賺的錢仍會比湯的價值高。」

……英國家庭主婦看重烹飪及把家居打理妥當，目的是希望家人能心境開朗，快樂，愛家，不會沉溺醉鄉。……大部份蘇格蘭工人階級的家居都毫不吸引，只要懂多一點家政知識，大家就能夠烹調出美饌，居所整理得更潔淨，定可抗衡酒館的誘惑。〔摘錄自《格拉斯哥市民》（*Glasgow Citizen*），原載日期不明〕

酒的用途 ｜《中國之友與香港公報》1/4/1848

許多人已曾討論過酒是否有害這問題，並提出過正反意見。反對飲酒的人認為酒並非天然飲品，上天已經給我們有益和不可缺少的食物。這反對飲酒的理論並不正確，我們生活在人工狀態，因此需要不同的食物。在天然狀態，人只會有少許或全無憂慮，並不像辛苦地生活在文明國家的人，時而受刺激，時而遭壓迫。毫無疑問，心理狀況會影響人體消化及其他器官。活在文明未開發之地的人，可以吃我們感覺難以入口的食物。文明越開發，人對食物的要求越講究。李比希（Liebig）教授證實這大多是受氣候影響，但我們認為氣候並非唯一原因。在炎熱國家，毫無節制地飲酒是絕對有害的，令炎熱氣候的壞處更彰顯。在氣候溫和的地方，酒飲多了也不會危害健康，許多時甚至有益。在寒冷之地，酒是不可缺少的，尤其是對居住在那兒的外國人。〔摘錄自《化學家》（*The Chemist*），原載日期不明〕

機智的辯駁 ｜《中國之友與香港公報》15/4/1848

醫生探訪一名痛風病患者，到訪時發覺病人竟然康復了，而且正在飲酒慶祝。病人道：「醫生，快過來，您剛趕及試這瓶馬德拉，這是取自新桶的馬德拉。」醫生說：「馬德拉要不得，它是你所有痛苦的源頭。」那無可救藥的病人道：「好，快斟滿您的杯，此刻既然找到致病源頭，就應該盡快消滅它。」（文章原出處不明）

賀維治法官論醉酒 ｜《中國郵報》11/5/1848

約克郡法院最近審判兩名在路上打劫的年輕人，不少證供指出兩人品格良好，加上當晚犯人及檢控者都喝醉了。陪審團裁定二人有罪，但考慮到他們品格良好，及他們與檢控者當晚都喝醉了，建議法官寬恕他們。

法官對兩人說：「陪審員考慮你們過去的良好品格，並念及當晚所有人都喝醉了，建議我赦免你們。我承認第一個理據非常好，然而，要是陪審員考慮到過量飲酒在這地方，和在全英國導致的罪案及禍害，他們絕不會考慮寬免你們犯的罪。毫無疑問，假如沒有喝醉，你們可能不會犯案。要是一個人喝醉了會犯案，他應該小心避免喝醉。我敢說過去一半在這裡審的案件都是與酒有關，賊人為了買酒而犯法，有的受酒的影響起爭執以至殺人，盜賊的贓款不少都花在買酒。法庭對因過量飲酒所引起的案件，差不多全沒譴責。刑事法庭超過一半時間處理的案件或多或少涉及酒。我會考慮陪審員的第一個理據，但不會接受第二個理據。我們國家的法例並不容許以醉酒作為犯案理由，或以醉酒為由撤消控罪。按舊法，誰在酒醉時殺人，誰就要在清醒時被吊死。在任何時刻，醉酒不是犯罪的藉口。」〔摘錄自《北英國日報》（*North British Daily Mail*），原載日期不明〕

法國酒的製造方法 ｜《中國之友與香港公報》6/7/1848

波爾多自由貿易協會秘書拿郎先生（Lalande）在《經濟人》發表如下意見：釀製葡萄酒其實非常簡單且廉宜，我談的是最簡單的，並且是不少人認為最好的方法。採收到成熟的葡萄後，摘掉枝梗或連枝梗放在大桶內發酵8至15天，當發酵接近最後階段，酒會集中在桶的底部，其他渣滓則浮於桶面，此時可把酒轉到貯藏桶，期間不要攪動。經貯藏三個月或更短時間後，便可把酒售給我們國家的工人階級飲用，不少酒會在往後12個月內被喝掉。中產及富裕階級用的酒，必須在桶貯藏三至六年，期間每年把酒抽出並隔去渣滓一至兩次，經過如此簡單的工序及陳年相當時間後，便可入瓶。英國人普遍不知道法國酒在酒瓶中貯藏越長越好，酒質可因而變得更出色。（文章原出處不明）

桑亞士些利鞋匠（Sherry Cobbler）製法 ｜《中國郵報》27/7/1848

將絕對優質又清潔的冰打碎，但不用太碎，然後將碎冰放進平底杯（Tumbler）至距離杯口一吋處，再加一茶匙鐵線蕨（Capillaire）或糖或任何你喜歡的糖漿，再加四分一個檸檬的皮及少許檸檬汁，然後落些利酒，攪拌後等幾分鐘便成。宜慢嚐，用飲管或直接飲皆可。（文章原出處不明）

歐洲人的生活與儀態 ｜《中國之友與香港公報》27/9/1848

……飲食方面，德國人是醉酒佬，英國人愛甜食，法國人講究優雅，意大利人中庸，西班牙人吝嗇。〔摘錄自《科策布遊蹤》（*Kotzebue's Travel*），原載日期不明〕

一流的戒酒演講 ｜《中國郵報》26/10/1848

一名在紐約往利物浦船上工作的船長，說只聽過一次像樣的禁酒演講，而那是第一流的。他曾應朋友邀請，在利物浦出席了一次禁酒演講。樣子漂亮，打扮整齊的講者自稱從來沒有演說過，他自言沒有說話的天份，他要告訴大家戒酒怎樣改變了他。在飲酒的歲月，他的生活過得很差，付不起房租和每星期的支出，自己及家人亦穿不好。現在他戒了酒，可以準時交租，不用欠帳，有現金使用。他一手挽著一名漂亮女子的手臂，一手拖著四個孩子，說道：「你們看看我的妻兒多健康，他們的飲食和衣服全是買回來的。假如大家想瞭解我的房子是如何設備完善，歡迎來我家看看，探訪日子請避免星期二及星期四晚上，因為我要參加教會活動。除此以外，我的銀行儲蓄戶口有100鎊。今晚的演講到此為止。」說罷，他坐下，他已經說夠了。（文章原出處不明）

符騰堡酒（Wirtemberg Wines） ｜《中國郵報》30/11/1848

斯圖加特（Stuttgart）的酒以味苦和質劣見稱。一名友善的德國旅客道出一句談這酒的諺語——喝斯圖加特最酸的兩款酒，其中一款入口感覺有如貓鑽進喉嚨，飲另一款酒則像抓著這頭貓的尾巴，把牠從喉嚨拉出來。（文章原出處不明）

一個外國人描述在東方的英式生活 ｜《中國郵報》28/12/1848

生活中無論大小事都刻意調節，有別於我們家鄉的習慣。戶外空氣在早上9時、最遲10時前是可以忍受的，過了這時候，英國人永不會離家外出。從歐洲新來的德國人並不容易被炎熱傷害，我時常在戶外畫畫至11時也未覺辛苦，危險顯示在我的膚色上。以英國人的性格，他們會堅守早已確立了的信念，沒有人敢冒險在早上9時後或晚上 5 時前外出。英國人每天飽吃三餐，更不覺有害地飲一些濃艾爾啤酒及烈酒。我認為就算在極熱時，多做運動也是絕對安全健康的。事實上，當每一餐都吃得奢華時，運動毫無疑問是最有益的生活習慣。〔摘錄自《霍夫邁斯特錫蘭及印度遊記》（*Hoffmeister's Travel in Ceylon and India*），原載日期不明〕

鮮魚存活法 | 《中國郵報》28/6/1849

把麵包軟的部份浸拔蘭地，塞進活魚的鰓，再將拔蘭地灑在魚身，然後小心用稻草將魚包裹，魚可存活 10 至 12 天。只要將魚浸於清水數小時，它便會從昏醉中甦醒過來。（文章原出處不明）

飲酒的壞處 | 《中國郵報》8/11/1849

查理斯・訥皮爾爵士（Sir Charles Napier）於 5 月 11 日在加爾各答檢閱皇家 96 旅兵團時說的話，切合軍人和平民百姓。他說道：「自上次與大家見面，已經過了一段頗長時間，我高興聽到有關對兵團的讚賞。你們的上級告訴我，各位不但健康而且紀律亦佳，只有少數人留在醫院，這是可以接受的，希望大家繼續保持良好品格。容我忠告大家，不要飲酒。年輕人不太理會老一輩的勸告，他們自信比老人家知得更多。然而，讓我告訴你們，在你們踏足的這個國家，假如你飲酒，你必死無疑。要是你滴酒不沾，你會活得很好。假如你飲酒，你要不身體殘缺，要不就死路一條。在這個國家，我認識兩個兵團，其一飲酒，另外一個不飲酒，不飲酒的兵團表現出色，飲酒的那團已經灰飛煙滅。對任何我看重的兵團，事實上所有大英帝國的兵團我都看重，我會盡力勸告大家不要飲酒，有些人不理會長官的意見，明知酒有害仍繼續飲，飲不多久他們就生病，能安然離開這裡的人寥寥可數。祝各位一切順利，我會欣慰見到大家繼續保持良好操守。」

不要飲酒，這忠告影響深遠。假如你飲酒，你會很快進醫院，只有少數人能康復。別飲酒，否則你會進猶如差勁醫院般的濟貧院。別飲酒，不然你的太太會變成娼妓，你的兒女落得衣衫襤褸。別飲酒，否則你最終落得囊空如洗，衣不蔽體，無家可歸。不要飲酒，否則你會在工作間摔倒、跌跤。那些有僕人照顧又有錢花的人，可以隨意荒唐飲酒，雖然酒令他們心生罪疚感，失去尊嚴和愛戴。對那些要進礦坑、使用機器、在汪洋中要爬上桅杆工作、駕機動車的人，飲酒是荒謬和破壞性的行為。別飲酒這忠告在各階層都獲得回響，對在工作間飲酒的人尤其重要。期望查理斯·訥皮爾爵士給96旅兵團的平實、有益的忠告，可以成為所有大英帝國工作地方的基本守則。〔摘錄自《經濟人》（*Economist*）14/7/1849〕

精神世界 ｜《中國郵報》27/12/1849

一名不能自拔的酒徒，被告之身染致命的霍亂病，並快將轉到一個純淨無瑕的精神世界，他回應道：「無論如何，這倒是個安慰，因為在這世上，要找真正的酒精並不容易。」（文章原出處不明）（譯按：精神與酒精的英文同為「Spirit」）

英國的烈酒消耗量 ｜《中國郵報》10/1/1850

根據剛剛公佈的海關資料，截至7月5日，英倫三島過去半年的烈酒消耗量，分別為英格蘭4,107,000加侖，蘇格蘭3,289,000加侖，愛爾蘭3,091,000加侖，總共10,487,000加侖。按1841年普查所得的人口數字，每年人均飲用量為英格蘭四品脫，愛爾蘭六品脫，蘇格蘭20品脫。〔摘錄自《蘇格蘭人報》（*Scotsman*）17/10/1849〕

完美太太　｜《中國郵報》7/3/1850

完美太太就像男士鍾愛的賓治酒（Punch）。調配得宜的賓治不會太烈或太弱、過甜或過酸，適如其分地包容一切矛盾。混雜是必須的，成份之輕重則因應各人口味與體質而定。酒精就如嚴謹思維和重要知識。有教養的聰慧女人像濃烈拔蘭地，除了極少數人或情況特別，一般男士並不喜愛。水好比日常生活閒聊，平淡無奇，滿足人的說話與聆聽社交需要，然而也能引動更開心的事態。糖象徵親切、愛慕之言，尤其是阿諛奉承，太多會令人膩煩，卻是最被其他配料接納的添加物。當需要對立、矛盾、反駁、斥責、諷刺、責罵時，檸檬汁可大派用場。檸檬汁給社交添上尖刻，驅走平淡。〔摘錄自《家庭報》（*Family Herald*），原載日期不明〕

舊酒　｜《中國郵報》14/3/1850

對舊酒的鍾愛有時會極端得令人覺得可笑。美食家講究的厚層（Thick crust）、蜂翼（Bee's wing）及其他品評標準，只不過是酒所含之某些優秀物質分解及消失後遺下的證據。假如那個最先用海德堡之名酒桶貯酒的人，能活到今日並能一嚐當年的酒，他會發現陳年 25 或 30 年的酒比陳年 100 或 150 年的要好。在不萊梅（Bremen），有一所名為史托維（Store）的酒窖，自 1625 年起貯藏了五桶值 1,200 法郎的萊茵河酒。要是用複息計算，每桶酒今日值 10 億元，一瓶如此珍貴的酒會值 21,799,480 法郎，一杯值 2,723,808 法郎。（文章原出處不明）

令人醺醉的酒　｜《中國郵報》11/4/1850

估計在格拉斯哥，人們每用 1 英鎊於宗教活動時，相對地就會花 10 鎊 2 先令在酒。每用 1 鎊在教育及慈善時，亦同時有 14 鎊 16 先令花在酒。每用 1 鎊扶貧，就用 8 鎊 13 先令買酒。而每用 1 鎊於警員維持治安，

人們就會花16鎊14先令買酒。（文章原出處不明）

葡萄酒裝瓶 ｜《中國郵報》2/5/1850

成功裝瓶之秘訣在於細心和清潔，簡單不過。酒瓶要絕對清潔、乾、完全沒帶發霉或其他異味，酒塞要用最優質的，並預先經酒塞壓縮器（Cork-squeezer）處理過。用於極優質細緻的酒的酒塞，使用之前會放在銅或瓷盤，再用砝碼壓住，然後倒入混有小量珍珠粉末的開水，24小時後，把水倒掉，再重複浸熱水一天。然後以清潔雨水清洗，抹乾酒塞後用紙袋包裹以阻隔塵埃，再掛在乾爽處晾乾。裝瓶的酒酒質要乾淨明亮，否則須先把雜質澄清（Fining）。許多人相信澄清的過程有助混和並改善酒的各種味道，所以不理會酒的實際狀態，一律澄清。

酒瓶、酒塞及酒齊備後，宜在天氣好的日子裝瓶，工作時切記要清潔與謹慎。入瓶時要小心別搖動酒桶，以免觸起原來沉在木桶底的物質。入瓶後留在酒桶底部的不能再抽出的酒，可用酒袋隔濾入瓶，作次級酒用。待用的空瓶可放在底部鋪了軟木塞的小桶上，以降低瓶子破損的機會，就算裝瓶時要大力壓酒塞進瓶口，也甚少弄破瓶子。入瓶後的酒，應貯在清涼的酒窖，瓶不可直擺或擱在濕的禾草上，要橫放於乾的鋸木屑或沙上。（文章原出處不明）

烈酒不必然能夠激發智慧 ｜《中國之友與香港公報》5/6/1850

我不認同烈酒有助提高思想性工作的效率。飲葡萄酒或烈酒會加快血液流動，刺激腦部活動，加快感官反應，令飲酒的人多了突如其來的急智，變得能言善辯和興高采烈。然而這一切只是剎那間的事，不能持續一夜。酒不會啟發優秀的文章，不是酒給予伯恩斯靈感創作《農民的星期六晚上》（*The Cotter's Saturday Night*），又或令拜倫寫下《哈羅爾德遊記》（*Childe Harold*）。拜倫的《唐璜》（*Don Juan*）可能受惠於大量他愛飲的溝了水的甜酒，飲酒越多寫得越差，文章的低劣格調呼吸著酒的壞影響。我們的偉大演說家都是滴酒不沾的，謝爾敦（Sheridan）似是例外，但其實當他撰講稿時，堅持不飲酒。他以宴會後要休息為藉口，把自己關起數天，逐字逐句細研講稿，以便在下議院發表。他在下議院或喝酒時說的即興笑話，都是秘密地在沒有飲酒的情況下創作的。我們最辛勞的工人群眾都是不飲酒的。〔摘錄自《學徒讀物》（*Prentice's Lectures*），原載日期不明〕

格言 │《中國郵報》7/8/1851

葡萄樹結出三種葡萄：快樂、酗酒、懊悔。（文章原出處不明）

解酒藥 │《中國郵報》28/8/1851

巴黎的卓華彌亞博士（Dr. Chevalier）發明了一種把醋酸銨溶於糖水的解酒藥，能令醉酒人頓變清醒。〔摘錄自《倫敦報》（*London Paper*），原載日期不明〕

Chapter

4

法律與禁酒

Legistration and temperance

英國的禁酒言論與法律

Temperance and legistration in England

英國有關啤酒零售的法例最早見於 1266 年，立法將艾爾啤酒的價格與麵包價格看齊。1393 年，啤酒店要在門外擺放標誌作識別。1494 年地方法官獲授權，在有需要時可禁止店舖售賣艾爾。

十六世紀英國啤酒的特徵是酒體厚、味甜，酒精含量低，在釀造時並沒有加入蛇麻，品質並不穩定。當時啤酒只是季節性供應，大部份是由窮困家庭釀造，釀酒的人許多是女性，大規模的啤酒廠並不存在。

用蛇麻釀啤酒的技術是荷蘭移民於 1400 年間引進英國的，這可以令啤酒品質更穩定，有利長時間貯存。加入蛇麻的荷蘭啤酒銷路好，起初曾經引起英國本地啤酒商不滿，時有襲擊荷蘭啤酒商在英國的店舖的案件發生。1436 年亨利六世頒令保護荷蘭啤酒商，讓他們免受憤怒的英國同業襲擊。1520 年間蛇麻開始在英國廣泛種植及應用，逐漸只有老人或病人才會飲沒加入蛇麻的啤酒。

不少社區或教會需要資金時，都會委託啤酒商特別釀造一批啤酒，然後讓教友或民眾購買，藉此籌集金錢。十五世紀中，各地教會都有透過釀造教會艾爾啤酒（Church-ales）賺取經費，及用賣酒得來的利潤幫助窮苦階層，此舉引起不少批評，1529 年亨利八世立法禁止宗教人士擁有啤酒店，他們釀的啤酒只可供自家使用，不可轉售。十六世紀後期，英國新教教會比天主教教會對酒的態度更嚴厲，教會啤酒的集資活動漸漸消失。

隨著賣酒的地方逐漸增加，啤酒供應亦穩定，越來越多人以賣酒維生，市民更容易買到酒。由於缺乏消遣選擇，大家都愛流連賣酒的地方，常有人飲酒生事，構成社會不安，引起政府及教會關注飲酒問題。1552 年英國出現首條啤酒店牌照法，要求經營者須從兩名地方法官領取牌照，並須證明品格良好。

當時飲酒的地方分為三類：只賣啤酒的啤酒店（Alehouse）；可以提供住宿、食物和飲品的旅館（Inn）；只賣葡萄酒的酒舖（Tavern）。按 1552 年的牌照法，酒舖比啤酒店的發牌要求更嚴謹，酒舖經營者須由地方議會的決策人及大部份委員通過，一般人不易獲發牌。不同的飲酒地點有極重的階級性，酒舖的顧客多是富裕階層，一般平民百姓則光顧啤酒店。牌照法亦限制各地可開設的酒舖數字，如倫敦 40 間，布里斯托是六間。在十六世紀末，啤酒店與酒舖的比例約為五對一。

1604 年英王詹姆士一世通過新法，將監管飲食店顧客行為的責任轉予店舖負責人，客人只可在進食時飲酒，但不能喝醉。這法例沒有廣泛執行，原因可能是啤酒店數目太多（全國約有兩萬至三萬家），執法者根本沒法強制執行，部份地方法官亦放棄嚴厲執法，避免令啤酒店經營者失掉工作，加重社區的救貧壓力。

十七世紀出現了不少反對飲酒的言論，例如在 1628 年理察・羅烈（Richard Rawlidge）寫了一本名為《新近發現的惡魔》（*A Monster Late Found out and Discovered*）的小冊子，指出英國啤酒店數量突增，引起社會不安，道德敗落。教會亦認為飲酒令人迷失上帝給予人的理性，酗酒引起的狂亂舉止等同聖經譴責的暴食行為。在啤酒店無拘無束地討論閒聊，亦被視為對教會宣教的潛在威脅。

在十六世紀末，文學家湯瑪士·納希（Thomas Nashe）相信「為健康而飲」（Drinking of health）的互相祝酒儀式，是導致酗酒的元兇。互相祝酒的習慣盛行於社會各階層，甚至皇室亦喜行之。在十七世紀，拒絕互相祝酒的人會被視作品格差、懦弱，或是個清教徒。1635年劇作家湯馬斯·希活（Thomas Heywood）指出祝酒儀式是由丹麥人帶到英國。

蒸餾酒對英國人來說並非新鮮事，十六世紀中不少蘇格蘭及愛爾蘭人已沉迷威士忌，在十七世紀法國拔蘭地亦逐漸風行全英國。

1679年，英國與法國交惡，英國對法國實施禁運，法國拔蘭地及葡萄酒不能銷往英國，刺激其他歐洲酒的需求，尤其是葡萄牙酒。葡萄牙生產的葡萄酒沒有法國般優秀，但其砵酒卻漸受英國人歡迎。1703年英國與葡萄牙簽訂《梅休因條約》（*Methuen Treaty*），英國降低葡萄牙酒進口英國的進口稅，葡萄牙則降低英國羊毛貨品的進口稅，造就葡萄牙砵酒在英國能以廉宜價錢開拓市場，由此觸發的商機吸引不少英國酒商前往葡萄牙投資生產砵酒。

1689年登位之英王奧蘭治的威廉（William of Orange）是荷蘭裔，愛飲氈酒，間接令氈酒普及為大眾飲品。拔蘭地依靠蒸餾葡萄酒而成，但英國氣候種不出好葡萄造酒，英國人飲的拔蘭地主要從法國進口。另一方面，氈酒以粟米為原料，釀製用的材料均可在英國境內找到，不須依靠外國供應。由飲拔蘭地轉飲氈酒，可視作為離棄法國的自強表現。威廉在位不到一年，國會便立法禁止進口外國蒸餾酒及拔蘭地。在1690年國會更放寬對國內製造蒸餾酒及零售氈酒的業務管制，任何人都可以製造或零售氈酒，而當時經營啤酒及葡萄酒零售仍需要申請牌照。

在 1700 年，英國人每年消耗不到半加侖氈酒，到 1720 年上升至 1.3 加侖。短短 20 年間，氈酒攻佔了整個英國酒市，由之而起的酗酒問題漸受社會各方關注，政府亦於 1729 年開始徵收每年 20 英鎊氈酒零售牌照費及每加侖兩先令蒸餾稅，更在 1736 年通過氈酒法，把收費分別增加至 50 英鎊和 20 先令。

啤酒店和葡萄酒舖的顧客以男性為主，女性甚少踏足。賣氈酒的地方則除了男性顧客，還多了女性客人，令酗酒問題擴大。氈酒流行，許多賣氈酒的人都非酒商，而是付不起高昂酒舖牌照費的市集小販，他們千方百計找貨來賣，分一杯羹，不少人更製造廉價劣酒魚目混珠。

為打擊非法賣酒，政府於 1737 年宣佈，舉報非法售賣氈酒的人可得 5 鎊報酬，此舉催生了一群以舉報維生的人。然而氈酒熱沒降溫，1743 年政府修訂氈酒法，只容許合法經營餐廳、旅館、咖啡店、啤酒店的人申請售賣氈酒的牌照。1751 年政府再修例，提高烈酒稅，增加酒牌年費，更要求持牌人須經營在年租 10 英鎊的地方，亦須捐錢給教會和窮人。按新法，涉及烈酒買賣的小額債項不能在法院追討，增加了賣酒人放賬的風險；另外亦禁止監獄及濟貧院賣烈酒。

到十八世紀中葉，英國粟米連年失收，令 1757 年政府禁止將粟玉作蒸餾用途，直接減少氈酒的供應，氈酒熱潮才漸漸降溫。

約在 1720 年間，啤酒商發現假如在烘乾麥芽時將麥芽過度烤烘，釀出來的啤酒酒精度會比正常高，顏色更深，這種叫波特（Porter）的啤酒，較不容易變壞，方便貯藏，適合長程送運。這種新口味的啤酒很快被顧客接受，商人放心大量投產，加速了啤酒行業的發展，漸成具影響力的工業。資金雄厚的波特啤酒商為維持其產品銷量，紛紛直接經營啤酒店，或在各區買地再轉租給啤酒零售店，售賣其生產的啤酒，此舉引起不少批評，指啤酒商推高地價，有壟斷市場之嫌。

進入十九世紀，越來越多針對啤酒店發牌機制的批評，不少人建議修改透過各地區大法官發放啤酒店牌的機制，理由是地區法官可能會按個人對酒的看法，及因著與酒商或利益團體的關係，影響審批決定的客觀性，對申請人不公平。批評者呼籲開放啤酒市場的另一論據是假如啤酒商控制了市場，他們不但會操控售價，更會為了吸引顧客，採用有害物質調校啤酒顏色和味道。

自由經濟思想的冒起、烈酒消耗量提升、對地方法官的不信任、對啤酒行業腐化的擔心，種種因素驅使政府於1830年通過啤酒法（*1830 Beer Act*）。按新法，經營人再不用通過法官之品格審查，任何人只要付出2英鎊2仙令便可獲發啤酒零售牌照，要是啤酒店要兼售葡萄酒及烈酒，則仍需申領牌照。

制訂1830年啤酒法之其中一個目的，是希望藉著開放啤酒市場，打擊氈酒等烈酒的消耗，然而啤酒法帶出的影響卻非立法者所能預計。氈酒商為免飲氈酒的人轉向較廉宜的啤酒，花錢將店舖裝飾得美侖美奐，成功吸引了新的客戶，烈酒的總消耗量在1839年創新高。另一方面，啤酒法令啤酒店的數目暴增，法例通過後的一年間，英國出現了24,000間新的啤酒店，到1835年更升至40,000間。這些啤酒店大多沒有從家庭式小啤酒商進貨，卻選擇與具規模的啤酒廠商交易。啤酒法增加了啤酒供應，令不少人更容易接觸到啤酒，有些本來不嗜啤酒的人漸成酒徒。啤酒法實施了短短數年間，不少原先本著自由主義精神支持啤酒法的人，察覺新法帶來了更多社會問題，漸有人主張重新收緊對啤酒買賣的監管。在推行啤酒法前，英國的禁酒言論針對的主要是氈酒等烈酒類。到十九世紀三十年代中，開始有人呼籲把啤酒亦一律戒絕。

在十九世紀初，英國的禁酒組織只零星存在，影響有限，沒有任何一個團體獨當一面，歷史較悠久的只有成立於十七世紀末的行為改革會（The Society for the Reformation of Manners）。1826年美國禁酒會（American Temperance Society, ATS）成立，在各地透過演說及成功戒酒者的經驗分享會，讓更多人知道飲酒的壞處，頗受社會各界支持響應。不少英國人受美國禁酒會的言論及宣傳手法影響，1829年間紛紛在英國各地成立禁酒組織，涉及的城市有格拉斯哥、曼徹斯特、列斯、都柏林、伯明罕、布里斯托、紐卡素等，倫敦則在1830年11月才出現禁酒會。

大部份在1829至1831年間成立的英國禁酒組織只建議放棄飲烈酒，並不宣揚完全禁酒，他們相信沉迷烈酒是社會發展的障礙，降低工作效率，引起家庭問題及社會不安，只要工人能遠離烈酒，社會就有改革的機會。宣揚這些論調的人大多屬資產階級，當中不少人有飲葡萄酒的習慣。

隨著科學知識的增長，在十八世紀末英國人已認識到啤酒與烈酒所含的酒精基本相同，假如飲烈酒有害，飲啤酒其實亦是有害。在1794年出版的《論烈酒、葡萄酒和啤酒的真正影響》內，作者指出「適量飲酒無礙健康」的說法並不正確，因為酒精對人體的影響因人而異，同一份量的酒對體質好的人可能無害，但卻會傷害體質差的人。

1830年的啤酒法令啤酒供應大增，酗酒變得普遍，大家察覺到啤酒的禍害並不遜於烈酒，越來越多英國人感到有需要宣揚完全不飲酒的生活，其中最具影響的禁酒先驅是來自英國西北部普雷斯頓的工人祖列思（Joseph Livesey）。祖列思是普雷斯頓禁酒會（Preston Temperance Society）的骨幹，在1832年與其成員簽署誓約，立志以後不再飲任何酒，開展全禁派運動（Teetotalism），隨後數年在全國各地呼籲絕不飲任何酒。全禁派的支持者主要是勞動階層，有別於以中產階級為首的溫和飲酒論（Moderationist）。祖列思在1834年英國國會的縱酒委員會聽證會中，指出在普雷斯頓的酗酒人士明顯增加，主要原因是大家多了飲啤酒。

全禁派是一個充滿救世情操的社會改革運動，言論有拯救世界的意圖，將酗酒描繪成阻礙人類發展的元兇。祖列思在禁酒會刊物中指出，酒是人類發展的最後一個暴君，只要拒絕飲酒，令酒在英國及全世界絕跡，就可以將人類從酒的暴政下解放，邁向更美好的將來。祖列思深信只要大家能立志不沾酒，任何人都可以戒酒。

完全拒絕飲酒是革命性的行動，在啤酒館與朋友暢飲聊天是勞動階層的主要消遣，選擇全禁的路，就是選擇另一種社交習慣，以後不能與酒友聚首。全禁派的成功在於提供社交活動，禁酒會的信念成為大家的精神依託，在禁酒演講會的戒酒經歷分享取代了啤酒館的閒聊。

祖列思深信人只要憑善良本性，選擇不飲酒，便可脫離酒的困鎖。並非所有全禁派支持者皆有相同看法，導致全禁派在十九世紀五十年代分裂。一些只反對烈酒但可接受啤酒的溫和禁酒團體，如受中產階級支持的英國及海外禁酒會（British and Foreign Temperance Society），對以工人為骨幹成員的全禁派有所抗拒。而另一個以工人階級為核心的政治團體憲章運動（Chartist），也不能接受祖列思把酒當作一切苦難源頭的言論，指其簡化了社會不均的問題，憲章運動認為工人階級被拒納入社會權力層，才是窮人受苦的原因。

普雷斯頓禁酒會並非唯一宣揚不飲酒的團體，在十九世紀中的英國，反對飲酒的組織還有：新英國與外國禁酒會（New British & Foreign Temperance Society）、英國禁酒會（British Temperance Association）、禁酒者獨立團會（Independent Order of Rechabites）和格拉斯哥禁酒會（Glasgow Temperance Society）等。

在十九世紀四十年代末，大部份英國城鎮都存在全禁色彩的禁酒團體，大家普遍清楚全禁派的立場及局限，認為全禁派的主張對嚴重的酒徒可能有效，但對適可而止地飲酒的人，全禁派並沒有改變他們的飲酒習慣。查爾斯·狄更斯（Charles Dickens）曾批評鼓吹絕不飲酒的人根本弄不清合理使用及濫用的分別。

1839年格拉斯哥禁酒會創辦人John Dunlop發表了一個有關飲酒行為的研究，指出飲酒問題應該從社會而非個人層面解決，明顯例子如不少英國人因為受到友儕影響而開始在工作地方飲酒，漸漸養成習慣。

1834年英國國會議員及著名報人詹姆斯·斯爾·白金漢（James Silk-Buckingham）指出政府有責任解決酗酒行為，他建議按人口數字簽發酒牌、減少酒舖星期日的開放時間、禁止在酒舖支發薪金。詹姆斯希望政府能夠增建博物館和圖書館等康樂設施，並減免報紙稅。他在1835年去信給美國禁酒會，介紹英國全禁派的發展，一年後美國禁酒會採納了一個完全不飲酒的誓詞。

政府於1845及1850年先後通過博物館法和公共圖書館法，計劃多建博物館和圖書館等康樂設施。

在1851年英國人的酒類消耗量與20年前比較沒有很大改變。在這一年，美國緬因州實施全面禁止生產和售賣酒精飲品，此舉啟發英國禁酒組織，希望可以連結各地會眾，對英國政府施加壓力，立法全面禁酒。

參考資料

- James Nicholls: *The Politics of Alcohol: A History of the Drink Question in England*. Manchester: Manchester University Press, 2011.

1849 年英國 *Punch* 一張有關飲酒的插圖。1845 年底,威廉・保頓(William Bowden)在香港開設收費會員制的「倫敦閱覽室」,內有英國、印度、澳洲及新加坡報紙供閱讀,當中就有創刊於 1841 年的 *Punch*,藉滑稽文字和幽默插圖批評英國時人時事。

1842 年 *Punch*。表情木訥的侍應，是否因為太忙碌，沒心情笑，或是不喜歡與傲慢的客人打交道？杯子裡的那幾根黑色的條子是什麼？可會是飲管？侍應不將酒杯放在客人桌上，讓客人自取，是當時服務的慣例嗎？

METAPHYSICS.

"What you say about Corporeity is all very well, but it presupposes the idea of—(hic)—absolute spirituality and transcendental—(hic)—
perfection—(hic) ; b'sides, it's incompatible—(hic)—with the def'nition of space."—(Hic.)
"Well }—don't go old fellow. Here some m-m-m-ore—g-g-g-r-o-g-grog."—(Hic.)

1842 年 *Punch*。漫畫標題《形而上學》。朋友聚會過後，手拿著燭光的人正要道別，主人
喃喃地說著哲學，讓他留下繼續飲酒。
後面桌下睡了一人，另一人伏在桌上，看來全都喝醉了。

EVERY INCH A SAILOR.

Prince of Wales.—" HERE, JACK! HERE'S SOMETHING TO DRINK MAMA'S HEALTH!"

1846 年 *Punch*。維多利亞女皇的長子威爾斯親王,出海遊樂後,

給侍候他的水兵一份酒作打賞。

皇子把酒杯遞給水兵,請他為女皇的健康乾杯。

1842 年 *Punch*。男子像是自說自話，又像是跟身旁的怪物聊天。怪物的形態半人半獸，頭
上長羊角，腋下夾著螺旋形的開瓶器。那是酒神戴歐尼修斯的隨從薩堤爾，象徵懶惰、
貪婪、淫蕩。薩堤爾的手搭在男子頭上，像在告訴他別期望可以擺脫酒精的操縱。

BACCHUS TAKEN ABACK.

1847 年 *Punch*。兩名警察分別抱著圓圓胖胖的酒神、
酒桶與一株葡萄樹走回警署。
按漫畫旁邊的文字報導，英國政府新近增加了醉酒人的罰則。

開埠香港有關酒的法例

Ordinances on distillation, retail of wine & spirits in the early days

英國商船條例

1841年5月8日的《廣州報》刊登了義律政府在七天前新頒佈的英國商船條例（*Rules and Regulations For the British Merchant Shipping*）。按此例，在香港境內的英國船假如有船員作亂，執法者可登上發生事故的船隻，拘捕滋事分子，而當執法者生命安全受威脅時，可開槍自衛。

另一方面，在船上或岸上醉酒作亂者（Drunkenness with riot either on board a ship, or on shore），可能會被拘禁最多兩星期，或罰款最高20先令，又或按作亂情況，輕重兩罰則同時執行。犯人在拘禁期間可能要幹粗重勞動。

英國商船條例反映了當時不少船員愛飲酒，時有醉酒生事，所以政府要在未有大量商船與移民抵港前，先立法防範。

這條條文其實並不針對飲酒者，它只懲罰因醉酒生事的人。單純醉酒並不構成罪行，只有當醉酒與動亂同時發生時（Drunkenness with riot）才會惹官非，然而條文並沒有定義醉酒是怎麼樣的狀態。

禁止在香港殖民地境內蒸餾酒精法例

1841 年 8 月 12 日至 1844 年 5 月 8 日期間香港第一任總督，是代表英國與清廷談判及簽訂《南京條約》的亨利・砵甸乍爵士（Sir Henry Pottinger）。他在離開香港前的三個月內，頒佈了 12 條法例，其中包括香港最早管制酒的法例。

1844 年 3 月 20 日 通 過 的 法 例 全 名 是 *No.8 of 1844. An Ordinance for Prohibiting the Distillation of Spirits within the Colony of Hongkong*（1844 年第 8 號－禁止在香港殖民地境內蒸餾酒精法例）。法例禁止香港境內人士利用糖、穀物、水果或任何物質蒸餾及提煉酒精，亦禁止藏有或使用可蒸餾酒精的器具，違者會被罰款 2,500 元。藥劑師和醫生在獲得政府的審批後，可於其工作地方藏有或使用容量不超過八加侖的蒸餾器具，製造作醫療用途的酒精。向政府提供消息的舉報者或協助政府將犯法者入罪的人，在政府扣除訴訟費用後，可獲犯人罰款之一半作獎金。

1844 年 3 月 30 日的《中國之友與香港公報》不但轉載了第 8 條全文，更刊出編輯短評，指這法例不會帶來任何好處或壞處，因為在香港這個自由港，人們可容易找到 3 毛錢一加侖的孟加拉或馬尼拉冧酒，根本不會有人非法蒸餾酒精，是以政府沒有必要立法禁止境內蒸餾酒精。若要防止非法製酒，政府應該要大幅徵收酒稅。事實上，大家最期望的是政府能夠完全禁止經港島對岸運來之燒酒（Samshoo）。在評論的末段，編輯用譏諷的語調，指出總裁判官最近竟以「可導致酗酒」（Conducive to drunkenness）為理由，否決了一名殷實店東製造薑啤的申請。

編輯談及之對岸來的燒酒，指的應是經當時還未受英國管治的九龍半島運來的中國酒。在 1844 年的報紙並未出現過有關中國燒酒的廣告，顯示當時這類酒的流通可能只局限於本地華人社區。

為甚麼《中國之友與香港公報》編輯希望政府能禁止中國燒酒入口，是否這些酒價錢廉宜，影響進口洋酒的銷路？是否擔心中國酒品質差，危害港人健康？又或是價廉質優的中國燒酒，其實已開始受島上外籍居民認識，為免他們耽溺及健康受損，政府要嚴禁之？

《中國之友與香港公報》編輯在文章內用「熱心於克制與威儀」（Zeal for temperance and decorum）去形容總裁判官，其中 Temperance 一詞既可解釋為「有節制的行為」，亦含有「禁酒」之意。作者行文時可能並非隨意用字，而是刻意選取有雙重意義的 Temperance 一詞，令讀者關注政府內支持或傾向禁酒的思想勢力。1844年間，所有法例須經立法會與港督通過，砵甸乍任內的立法會成員曾有多次變動，在他離任前立法會成員只有威廉堅（William Caine）和德己立（George Charles D'Aguilar），在政府核心中，可會有令《中國之友與香港公報》編輯不滿的禁酒思想者，這倒是個值得探討的課題。

第11號

1844年5月1日，在第8號出現一個半月後，政府頒佈一條監管酒類零售的法例，此例的名稱為 No.11 of 1844. An Ordinance for Licensing Public Houses, and for Regulating the Retail of Fermented, and Spirituous Liquors in the Colony of Hongkong（1844年第11號－監管香港殖民地酒館發牌及零售發酵與蒸餾酒之法例）。

制定此法之目的是要給酒館發牌、維持館內治安、管制酒類零售及防範非法售酒。通過第11號後，所有在7月1日前發的酒牌將會失效。第11號詳列了酒館酒牌的審批程序、持牌人作業須知及違例者罰則，更附錄了申請所需的文件樣本。

每隔一段時間，首席裁判官會定一個處理酒牌申請的日子，然後登報公告大眾。在處理酒牌申請當天，會有兩名太平紳士協助審批。

酒牌申請者先要給首席裁判官呈交申請書，在申請書上說明自身背景、計劃經營之地點及該處現有的住客資料，並須提供最少三名在香港居住的擔保人名字及他們的簽名。

假設通過審批，申請人須與兩名擔保人在首席裁判官面前簽署承諾書，申請人與擔保人要分別支付 300 元保證金。簽署承諾書後，首席裁判官會發給申請人一張准許證，申請人憑證往政府庫房交牌費 50 元（1845 年加至 100 元）便可正式取得牌照。如有任何人士不滿首席裁判官的決定，由總督作最後判決。第 11 號列出了酒牌持牌人的責任、經營守則和非法賣酒者之罰則，部份條文如下：

· 申請酒牌者須為經營地點的現行或未來住客，在酒牌申請書上須填報經營模式為旅館（Common-inn）、啤酒館（Ale-house）或飯店（Victualling-house）。獲發酒牌後可在店內售賣啤酒、麥芽製烈酒、葡萄酒、蘋果酒、薑啤酒、雲杉啤酒、拔蘭地、冧酒、任何其他種類烈酒及發酵酒。酒牌有效期為一年。
· 酒牌持有人不可讓客人玩啤牌、骰子、任何賭博遊戲或擾亂生事。
· 酒牌會列出酒館之合法營業時間。酒牌持有人不可讓客人在星期日整天或平日營業時間外留於店內或飲酒，除非對方是該處住客。
· 酒牌持有人須隨時讓法官或警員進入店內執法。
· 酒牌持有人只能賣兩加侖以上的酒類。
· 持牌人不可容許客人飲醉，亦不能賣酒給已喝醉的人。
· 持牌人須在店外當眼處塗上自己姓名及「Licensed to Retail Wine and spirituous Liquors」（獲發牌經營葡萄酒及烈酒零售業務）等字句，每個字母最少須有三吋長。
· 如持牌人觸犯法例，第一次罰款最高 100 元，再犯罰款最高 200 元，第三次觸犯時，可被吊銷酒牌及罰款 50 至 500 元，並且三年內不可以再獲發酒牌。
· 不可在總督府兩哩範圍內經營酒館。

· 酒館經營地點不可同時售賣其他商品。

· 酒類買賣須以英國皇家量度單位（加侖、夸脫、品脫、半品脫）作容量計算單位。

· 酒類買賣須以貨幣交易，不能以衣物等其他貨物取代金錢。

· 持牌人不能向英國士兵或海員追討所欠酒錢。

· 如欠酒錢的顧客所欠款項少於 5 元，並且不涉及單一賬單，持牌人不能向其追討欠款。

· 任何人士如在其屋外寫上可令人誤信其為合法酒館的字詞，可被罰款最高 100 元。

· 在無牌酒館飲酒者，會被拘押及罰款 20 元，除非被拘押者能夠協助指證無牌酒館經營人。

· 太平紳士及警員可拘捕在路上、船上無牌賣酒者，充公並拍賣其貨物及生財器具，如
　有舉報人，可獲扣除行政費後的一半拍賣所得。

參考資料

- 本文所介紹的法例並沒有中文版本，均為筆者翻譯，部份參考《香港政府第 109 章應
　課稅品條例第 53 條－釋義－01/07/1997》及《食物內防腐劑規例第 2 條》。

酒稅的問題

Duty on wine & spirits

商人委員會給輔政司的信

1845 年 8 月 30 日的《中國之友與香港公報》刊登了一封由商人委員會（Committee of Merchants）寫給輔政司的信，表達對政府高地租政策的不滿，批評高地租影響香港發展。這個商人委員會由多間洋行組成，其中成員有怡和的勿地臣。

信中有一節談及政府不徵收酒稅的理由，反映 1845 年間香港的酒市場規模不大：「我們完全贊同政府不徵收葡萄酒、啤酒及烈酒稅項的政策。在這個如此細小的社區，酒的消耗量有限，政府從酒稅獲得的收入並不足夠支付收稅時須要支出的費用。」

1846 年一條通過了卻沒執行的稅例

1846 年 9 月 19 日的《中國之友與香港公報》轉載了一篇 7 月 11 日 *Daily News* 1 的報導：

「向進口酒徵稅 5% 之法案，激起了殖民地居民的極大不滿。《中國之友》評論這稅時指出，最直接受害者將會是那些依靠給船隻供應酒及其他物品謀生的店舖商販。本地的酒類買賣將被迫移往黃埔，就如鴉片行業轉往金星門（Cumsingmoon）。可以預計船長及航運代理人會因為幾箱酒引起的麻煩而全數離開香港……徵收酒稅的另一壞處是政府需要僱用許多海關職員，而這些員工將只會有極少或甚至沒什麼工作……」

編者在轉載部份結尾處指出，立法局已通過這稅例但並沒實行。

稅是文明的代價

1849年12月1日的《中國之友與香港公報》轉載了一篇 *Overland Friend of China* 刊於11月28日的文章，概述澳門近況、香港法制與海盜問題，更用了近半篇幅批評香港政府之高地租政策，建議政府降低地租。作者認為假如政府大幅度降低地租並開徵酒稅，大家就再不會隨便輕率買酒，再者，稅是文明的代價（Taxation is the price paid for civilization），只有在經濟未開發的國度才沒有任何稅制。

註釋

1　未能確定 *Daily News* 是哪份報紙。

1847年的罪與罰

Crime and punishment 1847

在 1847 年 2 月至 5 月間《中國郵報》刊載的香港法院新聞中，不少涉及醉酒判罰事件：

海員 William Coldson，因醉酒及襲擊試圖制服他的警員和多名中國人，於 2 月 9 日被判罰款 5 先令。

Francis 因醉酒及沒法照顧自己，於 3 月 26 日被判罰款 5 先令。另一位名叫 Francis 的失業廚師，因藏有一對懷疑偷來的歐洲靴，於 4 月 14 日被判監 14 天，兩名 Francis 可會是同一人？

廚師 Antonio da Silva 因醉酒於 4 月 3 日被判罰款 5 先令或監禁四天。

John Michael，因醉酒並在皇后道行為不檢，於 4 月 5 日被判監禁四天或罰款 5 先令。

警員 John Legg，因醉酒及講粗口，於 4 月 6 日被判罰款 3 元。

John Mackenzie，因醉酒及在 Lower Bazaar 擾亂生事，於 4 月 8 日被判罰款 2 元。

船員 Charles Phillips 因醉酒及在皇后道行為不檢，於 4 月 9 日被判罰款 5 先令。

曾被舉報醉酒達 14 次的警員 James M'Gowan，於 4 月 10 日遭撤職。

負責看守監房的警員 Henry Chorley，因醉酒及未盡職守，於 4 月 10 日被判罰款 7 元。

第 18 旅皇家愛爾蘭兵團下士 Bernard Gillespie，因醉酒及將一名中國人的水果等物品擲於地上，於 4 月 12 日被判罰款 5 先令予英女皇及 2.5 毫給受害人。

水手 Thomas Galvin，因醉酒及行為不檢，於 4 月 12 日被判罰款 5 先令。同日另有三名水手因醉酒被判罰款 5 先令。

舵手 Joao Pomaseeno，因醉酒並毀壞 Brazillio Bedwine 先生的桌子和梯，於 4 月 12 日被判罰款 5 先令給英女皇及 1.5 元給受害人。

喝醉了的 Alexander Lincoln Sewell 及 John R. W. Purvur，毀壞了卑利街一間中國房子的屋門，並襲擊屋主及弄破其茶壺。Sewell 稱他們在路上遇上兩名中國人，中國人大笑，Sewell 感覺受辱，追打二人，二人跑進屋，Sewell 尾隨並打了其中一人。他倆於 4 月 12 日各被判罰款 10 元給英女皇及 1 元予受害人，如未能付罰款，將被監禁 14 天。

已遭解僱的印度兵 Goorayah，因醉酒及不能照顧自己，於 4 月 16 日被判監四天，他以前亦曾犯案。

印度籍警員 Shaik-amee 在將軍的住處值班時，醉倒在守衛室，於 4 月 19 日被撤職並扣除一半薪金。

已遭解僱的印度兵 Oman-ally，被發現醉臥在皇后道浸信會會堂附近，後來兩名咕喱抬他往警署，他於 4 月 20 日被判罰款 10 先令及入獄一星期。

在監獄值班的警員 James Allen，屢次在工作時喝醉，疏於職守，雖被多次警戒，仍沒改善，於 4 月 20 日遭撤職並扣除一半薪金。他多次宣稱身體不適，醫生斷定為過量飲酒的結果。

一名本地僕人 Ram-summy，在皇后道醉酒及打鼓，於 4 月 20 日被判罰款 10 先令。

水手 James Dove 及海軍船員 William Peacock 醉倒在皇后道，於 4 月 23 日各被判罰款 5 先令或監禁三天。

曾多次入獄的積犯 Lawrence Perry，因醉酒、行為不檢及遊蕩罪，4 月 20 日被判入獄及幹苦工一個月。

Scout 號水手 Henry Hyde 及 Henry Tait 因喝醉至不能照顧自己，被判罰款 5 先令或監禁三天。Hyde 稱在被拘押至警局途中，他擦傷了臉和弄傷了一節肋骨。警方相信他的傷是船員嘗試綁他上岸時糾纏所致。4 月 27 日，法官裁定他已受足夠懲罰，退回罰款。

醉倒皇后道的馬伕 Kadir，遭警員勸告安靜回家時行為不檢，於 4 月 29 日被判罰款 5 先令或監禁兩天。

馬德拉斯籍（Madras）洗衣工人 Seu-na-nul，因醉酒及襲擊一對印度男女，於 4 月 30 日被判罰款 5 先令或監禁四天。

Edward Roach，醉倒皇后道，遭警員勸告回家時，發難恐嚇並襲擊對方，於4月30日被判罰款5先令。

海員史密斯（John Cornelius Smith），曾經因為醉酒及襲擊兩名警員，並割傷其中一人眼睛，被判罰款20元或監禁一個月。後來他出示將要乘船往中國之證明，法官顧及殖民地利益，決定赦免其罪，讓他盡快離港。可是他在離港前又因醉酒被判罰款4元或監禁四天；這回由於沒法交出罰款，並因支取了Nimrod號兩個月人工後沒有上船工作，他最後於5月6日被監禁在只供應麵包和水的單獨囚室一個月。史密斯以前曾經當過四天香港警察，不過最終遭解僱及罰款10元，理由是他在短暫的警隊生涯中，有三天喝醉至不能值勤。

馬德拉斯籍的Reddie，曾經是Sansom船長之僱員，後因經常醉酒至失理性被解僱。Reddie曾住醫院三星期，出院後再沉迷飲酒，並經常返回船長的住所。醫生斷定他是危險人物，船長把他交給警方。他沒作答辯，在5月6日被判監兩個月並幹苦工。

一名海員於5月30日醉臥在海灘，他被發現時，部份身體已浸在水裡，若非被救，不消幾分鐘定必遭大浪淹沒。他被判罰款20先令或監禁10天。

一群不同背景的過客，在初生殖民地因醉酒被罰，報紙只刊載判決，沒記述犯事者的辯詞，各人醉酒的動機成謎，究竟是刻意灌醉自己，或太鍾情杯中物，越飲越愛，越愛越飲？令不同人物醉倒、不能自控、失去工作的又是什麼酒？是否都不昂貴，大家隨手可得？

酗酒犯事的大多是外國人，是否中國人較有節制，又或是不會隨便花錢買醉？

部份飲酒犯事者可能根本沒打算喝醉，只是坊間的酒品質良莠不齊，誤買了一飲即醉的劣酒。

讀這些判罰記錄，腦海不自覺浮現一幕幕典型醉酒情景——藉酒醉暫忘鄉愁的小兵，為情所困又前途迷惘的多愁善感年輕人，今朝有酒今朝醉、玩世不恭、以醉酒抗衡理性秩序的犬儒主義者……。分不清似曾相識的印象是來自電影片段、電視情節、報紙、小說角色，或是一節忘記了年代的詩詞片語。這些典型可會是 John Legg、James Dove、Ram-summy、Antonio da Silva 先生的經歷？

當值時喝醉了的獄警，被海水浸了大半身仍未退醉意的海員，在皇后道醉酒打鼓的僕人，一個個 1847 年的香港酒徒故事，不經意拼貼出一抹荒誕感。

哈德森醉死之謎

The death of Hudson

1845年9月中，香港發生一宗英兵因飲酒致死的案件，死者名叫哈德森（Hudson），案件審結後，法院判哈德森最後光顧之酒舖罰款100元。兩個月後，香港高等法院接獲重審此案件之申請。11月15日，《中國之友與香港公報》刊出9月份審訊時的證人供詞，並評論事件引申的問題。以下為證人作供記錄撮要：

警官湯馬士・史密夫作供時稱，1845年9月17日星期三晚上8時半左右，他獲悉一名士兵醉倒街上，遂派人將其帶到警局。士兵被送來時已因飲酒過量導致身體不適，史密夫召軍醫診治，軍醫要求將他送往醫院，士兵於第二日早上4時去世。他死前曾光顧基斯杜化先生（Mr. Christopher）的酒舖並喝醉。

根據死者同袍湯馬士・艾尊供稱，事發當日下午他與哈德森及其他人，步操練習過後同往西角（West Point），在回程路上，進了基斯杜化經營的「不列顛擲彈兵」（British Grenadier）酒館。艾尊用半盧比（Rupee）買了一瓶亞或（Arrack）與友共嚐，艾尊一小時後離去，回到軍營已是9時，和艾尊一起時哈德森只留在酒館，沒有去過其他地方。艾尊曾光顧基斯杜化的酒館三四次，從未見過打架之事。

羅拔・桑特稱於當晚7時到酒館，叫了一杯烈酒，他遇見哈德森一伙人，並獲邀一起飲他們的酒。哈德森當時已醉，但仍飲個不停。桑特逗留了20分鐘，他相信當時假如哈德森能跟他回營，他應該仍可以清醒走路，雖然不能正常值勤。桑特說，要是換了他自己飲哈德森那瓶酒，飲四杯或半瓶酒定會醉倒。

另一證人湯馬士・夏格7時20分到酒館，見哈德森自斟自飲沒經加水的亞或，他離去時哈德森已醉。夏格曾經飲過兩三口亞或，感覺酒質差劣。夏格說差不多光顧過島上所有酒館，從沒有飲過如此差的酒。

醫生占士・史超活作供時指出，哈德森於星期三晚上9時左右被送進來醫院，當時明顯受酒精影響致失去知覺，史超活醫生用胃泵抽出哈德森胃內物，發現相當份量的酒，判斷死者是因過量飲酒致死。史超活並不認為胃泵導致哈德森死亡。

證人艾佛楊中尉稱星期三晚上約8時因事到訪基斯杜化的酒館，當時見有幾名士兵，未覺異樣，他逗留了兩三分鐘便離開。

湯馬士・夏格再作供時稱，他約於7時50分離開酒館，當時見哈德森已醉。離開前，夏格曾協助將一名醉至不能走路的人帶出店外，交託予另一士兵。

酒館店主基斯杜化作供時說記不起死者，事發當晚有三四十名士兵，他無可能記起當中一半。基斯杜化稱一向守法，每晚7時45分例必要求所有士兵離開，從未發生爭執。

住在酒館的亨利・活霍作供時指出，他當晚6時半至關門都在店內，曾見有幾名士兵唱歌和跳舞，但未覺有人飲醉。他認為店主一向守法，依時關門，亦不會給醉了的客人添酒，是香港其中一間管理得好的酒館。

證人湯馬士・泰利當晚自6時半至7時40分在酒館，未見有人醉倒。他經常在這裡買拔蘭地喝，感覺酒質不錯。當晚他請了哈德森一杯啤酒。7時半，他聽到店主提醒大家要離去。

證人占士・端納7時至8時在店內，目睹哈德森離去，感覺他清醒，應該可以正常當值。

證人約翰・慕萊到酒館時遇上正步出酒館的哈德森，感覺他清醒。慕萊逗留至7時40分，未見店內有不守法的行為。

證人柏默案發當晚在酒館見哈德森用平底酒杯（Tumbler）飲亞或，未能肯定他是否喝醉。柏默認為酒館的酒品質不差。

證人占士・艾倫在酒館逗留至7時40分，見哈德森清醒，他離去時哈德森正在唱歌。艾倫從未覺酒館有何不妥，酒的品質與其他店子的同樣良好。

警官湯馬士・赫納作供時說，在8時10分發現哈德森倒臥在將軍的住所不遠處，醉得不省人事。

《中國之友與香港公報》指出法院早前已完成審判，酒館店主被判罰款100元。法院沒有說明店主被罰是因為酒館管理不善，或是因為售賣有害的酒？究竟當日法官是按照哪條英國或香港法例去判罰？

《中國之友與香港公報》指出香港現行的售酒牌照法，列明可供啤酒館和食店售賣的酒，包括麥製烈酒、葡萄酒、蘋果酒、薑啤、拔蘭地、冧酒、其他發酵酒及烈酒。假如酒館賣中國酒及亞或是觸犯法例，政府應該修改條文，禁止大家售賣亞或和中國燒酒（Samshoo）。《中國之友與香港公報》稱許多香港士兵因飲了有毒的酒精死亡，軍部之最高負責人需要正視此問題，政府應當立法禁止售賣那些危害歐洲人健康的酒，重罰不守法者，例如不予發牌，政府亦要突擊巡查酒館，檢驗存貨。

有些人認為亞或並非有害，飲過量的拔蘭地或冧酒同樣有害，問題是顧客容易買到廉宜的亞或，狂飲至傷害身體。

《中國之友與香港公報》指出亞或最初在軍需部店子是以每加侖15便士發售的，因此軍部可能是邪惡之源頭，要是政府不管制亞或，人們依然可輕易買到廉價亞或，士兵只會繼續沉迷，宣揚禁酒思想或以重罰威嚇醉酒者都無助解決問題。

哈德森在酒館飲的亞或，泛指亞洲地區生產的烈酒，1842年11月和12月的《中國之友與香港公報》就曾有售賣爪哇和巴塔維亞亞或的廣告。《中國之友與香港公報》指出假如不管制亞或，會令宣揚禁酒思想失效，此結論是否意謂在當時香港有宣揚禁酒思想的人？編輯所指為誰，倒是香港禁酒思潮研究的另一個謎。

軍部與酒

Wine and the military

孟加拉啤酒

駐港英軍軍需部在 1843 年 9 月 14 日的《中國之友與香港公報》刊登招標啟事，為軍部醫院（Military Hospital）尋找 1,000 磅西米（Sago）及 200 打一夸脫裝孟加拉啤酒（Bengal Beer）的供應商，獲選者須盡快將貨物運往軍需部貨倉。

十九世紀的孟加拉是個稻米之鄉，氣候太熱，沒有種植大麥供釀造啤酒的條件。軍部醫院找的孟加拉啤酒，指的是在孟加拉裝瓶（Bengal bottled）的英國啤酒。這些在英國釀造的啤酒，原以木桶儲存，運進印度後再在孟加拉裝瓶，然後再轉口往其他亞洲地區。

在 1843 年 12 月 14 日的《中國之友與香港公報》，J. C. Power 曾刊登廣告推銷一批在孟加拉裝瓶的英國啤酒，廣告寫著「Allsopp's 牌優質熟啤酒，孟加拉裝瓶」（Allsopp's prime ripe Beer, of first quality, Bengal bottled）。

第98兵團飯堂的招標啟事

駐守在赤柱的皇家第98兵團，於1843年11月16日的《中國之友與香港公報》登廣告徵求可以連續五個月至1844年4月30日，給兵團提供英國生啤酒（British Draught Beer）及海角葡萄酒（Cape Wine）的供應商。貨款將以現金支付，有意供貨者須於11月28日中午12點前，報價給兵團的飯堂委員會主席。

兵團找的 Cape Wine，指的是產自非洲南部好望角的酒。荷蘭在1665年佔領好望角後，便開始栽種原產自德國、法國及西班牙等地的葡萄作釀酒用，並且把部份酒運往歐洲。好望角出產的甜酒在十八世紀曾受歐洲皇室喜愛。十九世紀初，英國從荷蘭手上奪得好望角，藉關稅優惠大量輸入好望角酒，當時正值英法戰爭，英國減少進口法國葡萄酒，好望角酒成功取代了部份法國酒的市場地位。在十九世紀中期，由於好望角酒產量不斷增加，酒價下跌，形象變得普及；加上英法關係修好，頓使好望角酒在英國市場的名聲漸漸下降。1843年間駐港的英軍選擇飲好望角酒的理由，可能是基於價錢及同是英國殖民地。

招標啟事列明兵團每月平均消耗20Hhds 啤酒及80加侖葡萄酒，換算今日流行的單位，分別約為3,975及302公升。按1845年香港政府藍皮書1，第98兵團在1844年有400人，假設1844與1843年的士兵人數接近，英軍兵團每人每月大約飲9.9公升啤酒及0.76公升葡萄酒。第98兵團的啤酒消耗量是葡萄酒的13.1倍，這反映葡萄酒並非如啤酒那麼重要，原因可能是葡萄酒的酒精度比啤酒高，而又沒有啤酒那樣廉宜，所以大家只能適量享用。

軍需部賣拔蘭地

軍需部在1843年12月14日的《中國之友與香港公報》登啟事，為部門內一批不再用的物品尋找買家，待售的有胡椒、蠟燭、餅乾、醋、罐頭湯、肥皂、亞或及拔蘭地等。為什麼會有拔蘭地發售，是否早前購入太多？可會是充公物品？是否政府欠缺運作費用所以要轉售物資？又或是部門換了位有禁酒傾向的長官，容不下拔蘭地？

1851年海軍薪津及糧食規定

1851年2月6日，《中國郵報》刊登了英國海軍於三個月前修訂的英艦員工薪金及糧食配給指引。按新的安排，英國艦隻員工薪金將改以日薪計算，並可增發鹹肉及糖，而芥辣和胡椒之配給可以用醋及燕麥替代等，酒的配給量則降低了。

由1851年1月1日起，英國艦隻上的船員每天可獲發一磅餅乾，½ 及耳 2 酒，一磅鮮肉，半磅蔬菜，1¾ 安士糖，一安士朱古力及 ¼ 安士茶。每人每星期還可獲發 ¼ 品脫燕麥、½ 安士芥末、¼ 安士胡椒。醋亦會按需要每星期發放一次，每人最多可獲 ¼ 品脫，放棄者不會有金錢補償。當未能供應鮮肉及蔬菜時，將會隔日配給一磅鹹豬肉及 ½ 品脫豆；沒鹹豬肉及豆供應時，則發放一磅鹹牛肉及 ¾ 磅麵粉，或 ¾ 磅腌製肉及 ¼ 磅薯仔／米。

海軍的糧食配給將不同種類食物置於一個個互換公式，像消融了食物的本質差異：

· 一磅麵粉＝半磅板油（Suet）＝一磅葡萄乾＝半磅黑加侖子

· 一磅餅乾 =1¼ 磅軟麵包＝一磅麵粉＝一磅米＝一磅西米

· ½ 及耳烈酒＝半品脫葡萄酒＝一夸脫濃啤酒＝半加侖淡啤酒

· 一安士咖啡＝一安士谷古＝一安士朱古力＝¼ 安士茶

· 西米＝蘇格蘭大麥＝薏米＝米

· 一品脫豆＝一磅米＝一品脫扁豆（Calavance）＝一品脫木豆（Dholl）＝½ 品脫馬豆（Split

peas）

· 一磅米＝一磅蔬菜

· ¼磅洋蔥＝¼磅大蒜＝一磅其他蔬菜

指引內談及酒的條文，採用了確格（Grog）一詞，有關指引如下：

· 確格只可於晚餐供應，船員間不能以確格交換金錢或其他物品，亦不能將確格作為借貸品；

· 除非獲得船長特別准許，不能發放未經稀釋了的烈酒；

· 船長或當值長官有權要求持續酗酒者付罰款；

· 艦上訓練生及二級服務員不享有確格配給；

· 自願放棄領取確格者，可獲發等同確格價值之金錢或一安士糖及半安士茶。

在1740年，英國海軍軍官愛德華・凡朗（Edward Vernon, 1684–1757）為防船員酗酒，要求下屬飲冧酒時，必須先用水稀釋。由於混合了水的酒不太可口，大家都會加入檸檬、青檸和糖。改飲稀釋了的冧酒後，凡朗的船員比其他艦隊船員少生病，其他艦隊遂紛紛效法凡朗，先用水稀釋冧酒才供船員飲用。凡朗長年穿著用絲混羊毛（grogame）織的外套，所以船員給他起了確格（Grog）之暱稱，確格後來成為稀釋了的冧酒統稱。在1747年，蘇格蘭科學家占士連（James Lind）經研究發現柑橘可醫治壞血病，加了檸檬／青檸水的冧酒，正正有此抗病功能。自1756年起，英國海軍艦隊船員的糧餉，都包含用水稀釋過的冧酒。3

在新修訂的海軍薪津及糧食指引中，時而寫上確格，時而寫烈酒（Spirit），指引亦沒有具體列明確格的酒精含量，及需要加入多少份量的水。

註釋

1　見英國公眾檔案部（Public Record Office）縮微底片，編號 C.O.133。

2　1 及耳（Gill）= ¼ 品脫

3　http://www.westminster-abbey.org/our-history/people/edward-vernon;

Scott C. Martin: *The SAGE Encyclopedia of Alcohol: Social, Cultural, and Historical Perspectives*, https://books.google.com.hk/books?id=R9 i5 BgAAQBAJ&pg=PT935 &lpg=PT935 &d-q=grog+1756 &source=bl&ots=JRxcHyD0 kn&sig=aC3 k3 YEuaY5 yJNUlgm9 ZPu-ha95 Y&hl=zh-TW&sa=X&ved=0 ahUKEwiymK6 kwYzPAhUJnJQKHWmwAs0 Q6 A-EINzAE#v=onepage&q=grog%201756&f=false;

http://www.bbc.co.uk/history/historic_figures/lind_james.shtml

來自軍隊的禁酒聲音

The call for temperance in the military

禁酒在軍隊裡的影響

1845 年 7 月 23 日星期三的《中國之友與香港公報》，以〈禁酒在軍隊裡的影響〉為題刊載了以下一封讀者來信。

「編輯先生，

閣下作為我們的朋友，對能夠令我們感欣慰的事情，應該也不會感覺乏味。我們談的是獲知禁酒英雄的榮耀和勝利時所得到的喜悅。禁酒倡導者在今天並非零星小撮人，而是一個龐大群體，其支持者和輝煌戰績天天遞增，不斷注入動力，以完全消滅酗酒為最終目標，成為勢不可擋的道德力量。可悲的是，正當不少人拋開束縛，從奴役中被拯救過來時，軍隊裡仍有許多被酗酒鎖縛的受害者。同志們，酗酒是大家容易犯的惡習，是上天對我們的譴責，是我們所有煩惱和罪惡的不變源頭。不要絕望，我們掌握解決的良策。當可怖的敵人在毀滅我們的軍隊時，大家不要再袖手旁觀。若大家團結起來對抗公敵，必可獲勝。謹記我們的口號是不談判，不停戰，不寬恕，要絕對殲滅。只有到那一刻，我們才可獲解放。此刻就讓我們沉思勝利將帶來的快樂成就——不會再失去應可享的服務、額外薪金，或退休金，不再需要軍事法庭、違規記錄冊、紅墨汁、酗酒者徽章，禁酒房、單獨囚室和監獄等不再是軍事建築必要的附屬物。

A Serjeant 1845年7月17日」

這封信不但證明了禁酒思想及行動存在於當時駐港的英國軍隊，而且
更揭示了軍隊懲處酗酒者的方法，例如酗酒者會被扣減福利和膳食，
其行為會被記錄在案，他們可能要穿戴特別的徽章，更可能被拘禁在
單獨囚室。

這封信的作者筆鋒銳利，像似以讀者來信為幌子，申述禁酒組織的綱
領、執行態度和目標，向軍隊內不支持禁酒的人開展意識形態戰鬥。

給初入伍年輕士兵的信

1845年8月9日星期六的《中國之友與香港公報》刊載了一篇標題為〈給
初入伍年輕士兵的信〉之文章，作者署名 B. O.，是香港愛爾蘭兵團軍
官。B. O. 稱在多年從軍歲月中，曾經遇過不少年輕有為的新入伍者，
因為不愛惜自己，誤入歧途，毀了美好前程，因此他希望以過來人身
份，給年輕士兵一些忠告。

B. O. 認為士兵首要遵從上級指令，誠實正直，謹慎言行，不賭
博，不胡亂以天主之名立誓，最重要的是要堅守意志，對抗酗酒
（Drunkenness）。在7,000多字的信中，B. O. 用了不少篇幅在理性與感
性層面勸告大家不要飲酒。他指出醉酒是最不道德的行為，是軍隊罪
行與動亂的源頭。為了保障個人健康與聲譽，年輕士兵要遠離醉酒的
朋友，別令關心自己之上級失望。有些人認為酒可以增進食慾，增強
抵抗疾病的能力，但 B. O. 指出任何有常識的人都會明白這是荒謬論
調。烈酒不但不能強體，反會危害健康，使人更容易生病。

B. O. 細緻描述酒徒從滴酒不沾，漸變得終日與酒為伍，最後不能自

拔的心路歷程：

「沒有人一開始便迷上烈酒。初飲的人通常不喜歡酒的味道，不少人誤信飲酒可以增加男子氣概，不自覺地飲起酒來。每飲一次酒，飲酒的意慾便會增加一分，人從被禁制的行為中取得樂趣，漸漸變了為飲酒而飲酒。結果，賺來的錢再不足夠消減喝酒的慾望，最終為了一杯酒，酒徒可以赴湯蹈火，甚至將健康與快樂作交易。」

〈給初入伍年輕士兵的信〉之作者只針對烈酒，但接受適量飲用啤酒及葡萄酒，究竟他代表的是少數又或是大部份駐港英軍的立場？文章分析酒徒的心態細緻入微，令人懷疑作者可能曾經是個酒徒，甚至可能仍然是個愛酒人，奈何身為軍官，在言論中不能不持反對飲酒的態度。

節制或禁絕——兩封批評烈酒的讀者來信

Letters to the editor on temperance

1844年3月16日的《中國之友與香港公報》，封面如常地排滿新近到港貨物的廣告，翻開內頁，編輯刊登了一篇500多字的讀者來信。寫信的人署名「M. D.」，自稱曾經當過醫生並在炎熱地區生活，寫信目的是希望給居港的英國人一些忠告，幫助大家應付害人的炎熱氣候。

M. D. 說在保障居民健康方面，政府可以做的其實頗有限，但假若大家能夠關注個人生活細節，香港也可以像印度一樣安全衛生。

香港的食水系統差劣，危害歐洲人健康，在高危的月份，尤其要多加注意。要安全地度過炎熱日子，首要是不飲酒（Temperance），尤其是烈酒。然而要求一個經常飲酒的人突然滴酒不沾，後果是非常危險的。在戒飲烈酒初期，應先改飲葡萄酒及啤酒。

M. D. 認為政府可以提供給窮苦階層的福利，莫過於成立一個啤酒會社，專責採購桶裝啤酒，以成本加上營運費用後廉售給窮人。軍方早已實行這種啤酒供應方法，要是政府能夠推廣至低下階層，樂善好施的居民必定會全力支持，窮人便不會因為找不到5角以下一瓶的啤酒，繼續飲烈酒。

在炎熱日子，要避免暴曬，每日最少有一餐不吃肉。香港像塞拉里昂一樣，被視為白人墓地，過去一年許多人因病去世。居住在香港的人常生病，原因可能是工人築路時，翻起了長年積聚在泥土裡的有害污物。由於人們仍不斷地築蓋道路與房子，由此惹來的病患是難以避免的，香港的衛生狀況，絕對不會在幾年間完全改善。

M. D. 的信刊出三個月之後，《中國之友與香港公報》在 6 月 22 日刊登另一篇讀者來信。這次的信約有 900 字，署名 MEDICUS 的作者稱希望在炎夏到臨前，與大家分享一些簡單健康常識。

MEDICUS 似乎頗熟悉香港狀況，在信的開端，不但概述了香港居民的健康情形，更談及島上海陸英軍的近況。他說自我保護是大自然的第一定律，不少在 1843 年因炎熱天氣丟掉生命的人，染病原因其實是缺乏警覺。他忠告初到港者要避開陽光，小心瘧疾及有節制地飲食。

MEDICUS 指出香港每年有四個月之天氣是極熱的，期間早上 6 時至晚上 6 時要避免接觸陽光，在戶外活動時一定要留在能擋隔陽光的地方，並常備帽子與雙層太陽傘。人們要防範瘧疾，晚上不應走近病毒滋生的潮濕地方、荒地與河谷。睡床應該設在二樓，不然也要用木板將床與地面分隔開，且絕不可露天睡眠。

MEDICUS 指出香港令來自溫和氣候的人身體受熱，機能受刺激，降低對食物的慾求。初到港者應該學習那些健康良好又長壽的本地人，吃簡單和非刺激性食物，這些食物比肉類更適合大家的身體。大家要養成有節制的飲食習慣（Temperance），不應沉迷烈酒和加入過多拔蘭地的酒（Brandied wine），只飲啤酒和葡萄酒。事實上，最解渴的飲品莫過於萊茵河葡萄酒、梳打水與薑啤。

MEDICUS 亦提醒讀者當衣物弄濕了時就應盡快替換，只吃合季節的成熟水果。當身體受熱時，不要喝大量冷水。在日常生活中，要時常保持平和心情，不應過份緊張。

三個月內的兩封讀者來信，作者名字都含有「M」及「D」字母，未知是否同一人。兩封信內有關飲酒的建議立論相近——要安全地活在天氣炎熱的香港，絕對不能飲烈酒，要以葡萄酒及啤酒替代。這些表面上針對香港氣候的飲酒建議，極可能是英國本土禁酒運動的延伸，並不是純粹衍生自香港的特殊情況。

這兩封信多次出現「Temperance」一字，意思是節制與適度。在英國十九世紀禁酒運動文獻中，Temperance 指禁飲烈酒或完全禁制飲酒，亦泛指禁酒思想或禁酒運動。

英國殖民管治香港初期，恰巧是英國本土禁酒活動勢力日漸壯大的階段。1844年《中國之友與香港公報》的讀者來信反映在香港開埠初期，島上可能存在溫和派禁酒思想者，鼓吹將香港「非烈酒化」。我們沒法確知香港這個初生的殖民地，曾否是英國禁酒意識形態的域外角力場。然而自1841年起，香港的酒供應與買賣一直沒有停頓過，反對飲酒的言論看來沒有影響香港的酒市。

推斷禁酒運動沒有在香港發展的原因，在於香港早期的禁酒言論，主要以氣候及健康作論據，隨著殖民地的醫療衛生設施日漸改善，英國移民開始適應香港的氣候，令香港環境不宜飲烈酒的言論失去威嚇性。另一方面，在十九世紀中的英國，不少禁酒團體的骨幹成員都是來自龐大的工人階級，反觀在十九世紀四十年代的香港，工業並未起步，是以欠缺有組織的工人團體響應、聯合英國的工人團體，在港推動禁酒。

《香港來信》中的禁酒言論

A Letter from Hongkong

1845年，英國皇家地理學會在倫敦出版了一本名為《香港來信——一位居民寫的殖民地簡介》（*A Letter from Hongkong, Descriptive of the Colony*）的 12 頁小冊，沒作者名字。書的頭四頁是一封寫於 1844 年 11 月 16 日香港的信，署名 J. C. 的寫信人說自 1843 年 8 月開始在香港生活。在信中，他首先介紹香港的氣溫、降雨量、四季天氣變化，然後談駐守在香港及澳門的軍人健康及死亡率，指出大家對香港環境的普遍見解是：污水道欠佳、人們接觸太多陽光、居住地方不足、生活狀況差。接著談香港社會結構、高地價、食物供應和工人收入。

接近信末，作者說香港並非想像中那麼熱，他認為炎熱的氣候並非令居港外國人生病、死亡的主因。導致外國人生病死亡的元兇，其實是隨處可找到的廉價酒以及毫無節制的飲酒行為。J. C. 說香港的「廉價酒舖數目多，酒價亦非常便宜。每天都有人在灼熱陽光下站立不穩、搖搖欲墜，大家把這情況歸結為氣候的禍害。每次有船泊岸時，就會有 50 至 100 人上岸休息兩天，期間他們沒有一刻不是喝醉，士兵的高死亡率極可能與此習慣有關。」

書的第二部份標題為「附加評說」，文章一開始便指出放任的飲酒行為（Intemperance），是港人生病致死的其中一個主要原因，作者希望所有關心殖民地居民健康的人，和宣揚禁酒的組織關注這問題，他深信禁酒組織必定可以找到方法將其信念延展到香港。

在接著的段落作者指出，要健康生活首要是堅持中庸的生活態度，避免放縱。在每天最熱時，避免直接暴露於陽光中；日間應留在室內避曬，晚上較清涼時則應常做運動，中國氣候頗適宜騎馬。討論過健康守則後，作者轉談香港的商業、基建發展及近年通過的法例。

一本在英國出版的香港簡介，接近一半篇幅談天氣、死亡及縱酒禍害，要是把書內談的商業、基建及法例等章節剔除，這儼然是一份禁酒宣言。出版《香港來信》可會是某禁酒組織「裡應外合」的行動——藉自稱香港居民的見證，以酒正危害生活在殖民地的英國僑民為禁酒理據，號召英國國內禁酒團體，聯繫香港境內的禁酒支持者，在香港推行禁酒？

Les Boucheurs et les Ficeleurs.

1851 年法國 *Magasin pittoresque* 雜誌圖像，
從右至左展示了香檳酒灌瓶、裝酒塞、加蓋及用鐵線封緊酒瓶的過程。

THE CHATEAU LAFI

O, NEAR BORDEAUX.

1854年 *The Illustrated London News* 幾幅拉菲莊的圖像，描畫了酒莊的外觀（本頁）和酒窖的
工作（下頁）。畫報的編輯像許多同代人一樣，在拉菲的拼法加多了一個字母 t。

THE PRESSOIR OF THE CH

FITTE ,NEAR BORDEAUX

Chapter

5

資料匯編

Statistics, offers and sellers

1840年澳洲進口酒類統計

The import of wine & spirits in 1840 Australia

1842年12月15日的《中國之友與香港公報》以〈殖民地統計〉為標題，轉載了一則《悉尼早報》（*Sydney Morning Herald*）有關悉尼海關公佈的1840年及1841年澳洲進口酒類的統計數字，可一窺當年殖民地的飲酒口味。

雪梨港在1840年間的酒類進口數字：

	進口量	未計航運費的進口價值		
	加侖	鎊	先令	便士
冧酒 Rum	256,100	57,092	11	6
拔蘭地 Brandy	339,821	69,403	10	0
氈酒 Gin	101,952	22,940	3	0
葡萄酒 Wine	524,113	97,826	10	0
啤酒 Beer & Ale	987,876	120,000	0	0
亞或及利口酒等 Arrack, Liqueur etc.	39,872	5,722	16	0

英國開發澳洲比香港早半個世紀，在十九世紀四十年代澳洲人口約有21萬，按入口量計算，1840年間澳洲人飲用最多的是啤酒及葡萄酒，

分別佔總入口量之 44% 及 23%，受歡迎的原因可能是由於價錢低廉。
表內所有澳洲進口的酒類都可以在香港找到。

1845 至 1846 年與酒有關官方記錄
Government records of wine & spirits in 1845-1846

有關酒類貨品進出香港的官方記錄，最早見於 1846 年間香港政府編撰的 1845 年藍皮書。這份報告從稅項、收費、政府入支、軍事、立法、公共建設、人口、教育、農業、土地使用、監獄等各方面，概述香港在 1845 年間的發展狀況。年報內的「進出口」段落記錄了香港出口往不同地區的貨物，涉及書籍、米、棉花、鹽、建築物料、酒……等。編者指出由於缺乏海關，年報內的有關資料並不完整。

1845 年間香港出口的酒類貨品

→往廣東	啤酒：22 Cases, 66 Casks
	葡萄酒：3 Pipes
→往舟山	葡萄酒：79 Packages
→往上海	啤酒：57 Casks, 60 Hogsheads
	拔蘭地：30 Cases
	葡萄酒：6 Casks, 42 Cases
→往倫敦及利物浦	葡萄酒：7 Cases

1846年香港藍皮書的結構與1845年的沒太大分別，進出口資料卻豐富了，最重要是收錄了進口資料，不過編者仍然重複上年度的備注，強調統計資料並不完整。

藍皮書內的酒類容量單位並不統一，有 Hogshead/ Hhds（相等於52.5加侖）、Pipes（相等於126加侖），和實際容量含糊的 Cask（桶）、Case（箱）、Packages（包裝）、boxes（盒），編撰者沒有標明不同單位所代表的實際容量。究竟 Package 與 Case 何者較大，Cask 又有多重，今日的讀者是沒法知曉的（可能當年也是）。

1846年間香港進口的酒類貨品

←從英國進口

- Beer: 572 Casks, 56 Hhds, 30 Tierces, 500 Cases
- Brandy: 21 Casks, 19 Hhds, 900 Cases
- Gin: 800 Cases
- Liqueurs: 1 Cases, 16 Boxes
- Wine (sundry qualities): 1,182 Cases, 138 Packages; 72 Pipes, 10 Casks, 20 Barrels, 56 Baskets
- Wine Sherry: 155 Cases
- Wine Madeira: 50 Cases
- Wine Sauterne: 20 Cases
- Wine Port: 86 Cases
- Wine Claret: 100 Cases

←從印度進口

- Beer: 60 Casks, 163 Cases
- Brandy: 16 Cases
- Cordials: 118 Boxes
- Spirits: 14 Casks

←從新南威爾斯進口	· Beer: 7 Casks
	· Claret: 14 Cases
	· Champagnes: 7 Cases
	· Sherry: 27 Cases
←從漢堡進口	· Spirits: 461 Cases
	· Wine: 727 Cases
←從馬尼拉進口	· Brandy: 400 Cases
	· Gin: 100 Cases
	· Madeira: 1,433 Casks
←從中國東岸進口	· Wine: 19 Cases
←從廣東進口	· Brandy: 18 Casks
	· Wine: 5 Casks

1846 年間香港出口的酒類貨品

→往英國	Wine: 22 Hhds
→往印度	Beer: 8 Casks, 3 Cases
	Wine: 9 Casks
→往新南威爾斯	Wine: 5 Cases, 2 Hhds
→往中國東岸地區	Beer: 36 Cases, 60 Casks
	Brandy: 6 Cases
	Gin: 20 Cases

Rum: 1 Cask

Spirit: 4 Casks

Wine: 2 Cases

→往廣東

Beer: 21 Cases

Wine: 136 Cases

1846年藍皮書刊載的「商品平均價格表」

	英鎊	先令	便士
小麥麵粉（每196磅桶）	1	17	6
小麥麵包（每磅）			5½
有角牛（每頭）	2	10	
馬	25		
綿羊	1	13	4
山羊		16	8
豬	2	1	8
牛奶（每夸脫）		1	0
鮮牛油（每磅）		4	0
加鹽牛油		2	0
芝士		2	0
牛肉			5
羊肉		1	1
豬肉			5
米			2
咖啡			8
普通茶		1	2
糖			4

鹽			½
葡萄酒（每打）	1	13	4
拔蘭地	1	5	0
啤酒		12	6
煙草（每磅）			5
工人薪金			
家務（月薪）	1	5	
農務			10
商業		1	4
工人（日薪）			7
磚瓦工人、木工、砌磚工及批盪工		1	4½
細木工		2	2

烈酒零售牌照

根據1845年藍皮書，香港政府在1844年簽發「烈酒零售牌照」（License to retail Spirits）的所得為509英鎊3先令4便士，1845年的同項所得是1,154英鎊7先令9便士，佔1845年總稅項及牌照收入約5.2%。1845年收益表有一解說：「牌照年費由10英鎊8先令4便士調高至20英鎊16先令8便士」。藍皮書上沒有烈酒零售牌照的資料，按牌費推算，1844年烈酒零售牌照數字與1845年相同，都是50個。

烈酒商販

1845年香港藍皮書收錄了一份「香港島上房屋及公共建築物編錄」，詳列各區的建築物數目及用途。當時政府將香港島分為歐洲人區及華人區。歐洲人生活的區域有維多利亞城、赤柱及西環，其中61戶屬警局、醫院、兵營等政府建築物，133戶為店舖、商業及私人居所。華人區有維多利亞城、石塘咀、薄扶林、香港仔、赤柱、石澳、西環及黃泥涌等23個地段。在歐人區的資料上沒列出有多少店舖涉及酒，但在華人區的統計裡卻有「烈酒商販」（Spirit Merchants）這類別，18家在維多利亞城，6家在赤柱。

參考資料

- 英國公眾檔案部（Public Record Office）縮微底片，編號 C.O.133。

1842至1851年香港賣酒商名錄

List of merchants selling wine & spirits in the period 1842-1851

以下簡表輯錄1842至1851年間，曾經在《中國之友與香港公報》刊登過賣酒廣告的106家商人名稱和地址，並引廣告作例。

篇幅所限，表內所載廣告大部份為節錄，並以省略號（...）標示。刊登廣告年份的時間跨度，並非指簡表所引廣告由某年至某年重複刊出，而是賣貨人在該期間陸續刊登過不同的廣告，而引文例子是其中一則。為忠於原文，廣告內原有的錯白字一概不作修正。內容中常見縮寫語 ex 和 do，前者泛指「從某船運來」，後者意謂「同上」。

十九世紀四十年代之香港商人大多是雜貨商，甚少只經營單一類別的貨物，同一廣告內出現建築物料、食品、酒、禽畜、文具、衣飾、書等互不相關的貨品是平常事。因此簡表亦收錄了一些非酒類貨品，以反映十九世紀中香港物質生活的面貌。

部份賣貨人會在廣告中介紹自己的經營性質，自報身份，例如：

· W. Emeny：麵包、餅乾師及雜貨店店東（Bread and Biscuit Baker and General Store Keeper）
· W. H. Franklyn：航運及一般經紀、拍賣人（Shipping and General

Commission Agent, Auctioneer）

· C. Marwick：拍賣人（Auctioneer）

· J. C. Power：酒商暨經紀（Wine Merchant and Commission Agent）

· Smith & Brimelow：船舶物料供應商、葡萄酒及烈酒批發零售商及
經紀 (Ship Chandlers, Wholesale and Retail Wine and Spirit Merchants, and
Commission Agents)

商人一般都會在廣告中寫上聯絡地址。開埠初年，賣貨人集中於皇后
道（Queen's Road）。隨著城市發展，漸漸擴散往其他地段，1845年的
伊利近街可找到 Alexander Smith，在砵典乍街則有 Smith & Brimelow；
1846年在嘉咸街可找到 J. Dalmas。賣貨人如於不同年份有不同地址，
簡表會抄錄相關地址及廣告刊出日期。

個別賣貨商的名字會在不同條目出現，如 Henry & Co. / Henry,
Humphreys & Co.，Dickens & Co. / Dickens, and McIntyre，推斷可能是
由個人經營轉為合夥。

商號名稱	地址	刊登廣告年份	於《中國之友與香港公報》廣告例子
A.H. Fryer & Co.	Queen's Road	1849-1850	The Undersigned offer for Sale...Gallego Flour; Pilot and Navy Bread; Canvas and Cotton Duck...Cheddar and Berkeley Cheese; York and Cumberland Hams; Scotch Oatmeal in Tins... Marzetti's Bottled Ale and Stout; London Bottled Sherry, Port, and Madeira Wines. (17/1/1849)
A. L. de Encarnação	18 Queen's Road (7/7/1842) Queen's Road (28/8/1847)	1842-1847	JUST ARRIVED AND FOR SALE. AT the Commission and Sale Room of the undersigned, a small Invoice of Marezette Pale Ale in bottles, Byass in 3 and 4 dozen Packages; St. Stephen and Medoc Claret. Malaga

			Wine, Cognac Brandy in Wood, Port and Muscatel Wine, Maraschino Liquers, Seltzer Water, Stationery, a few pair of English-made Boots, Lady's Shoes and half Boots, patent Solar Lamps, black and white Beaver Hats. (28/8/1847)
A. Humphreys	Magistracy Street	1843	NOTICE - Just received, and For Sale. SILLERY CHAMPAGNE, CLARET, ST. JULIEN, SAUTERNE, and superior FRENCH BRANDY. (15/6/1843)
A. Lubeck & Co.	廣告內沒列明	1851	FOR SALE. BALTIC Timber and Planks. Brandy in casks and cases. Vinegar in casks. Superior Port, Sherry, Claret and Muscatel Wine, &c. &c.(22/11/1851)
Abrahams, & Co.	13 Queen's Road	1843	ABRAHAMS, & CO. ...are now ready to receive Goods on Storage and Commission, at their spacious Godowns - 13 Queen's Road... have on Sale. Cognac Brandy in casks, Do, in 1 dozen cases, Champagne do, Sherry in quarter casks and cases. Champagne in 3 dozen cases, Claret, Prime Irish Pork. (15/6/1843)
Ad. Guillain	At Mr. Boulle's Stores	1843	FOR SALE, by the Undersigned, at the following reduced Prices:- Sillery Champaigne (white) $16 per doz. Do. Œil de Perdrix 16 do. do. True Chateau Margaux 12 do. do. Do. St. Julien 10 do. do. Sauterne 10 do. do. (15/6/1843)
Alexander Moss.	20 Queen's Road	1843	FOR SALE - at the Godowns of the Undersigned No. 20 Queen's Road. Port, Sherry, Madeira, Raspberry Ratafia, Brandy in wood and bottle, Arrack, Preserved Provisions, Vinegar, Sauces, Pickles...London Bottled Beer

(14/9/1843)

Alexander Smith	3 Ashburton Terrace, Elgin Street	1845	FOR SALE. MANCHESTER Manufactured Goods, and Yarn. ....Also per "PALMYRA:" A few cases of splendid Champagne; And fine flavoured excellent Port Wine. The best Cognac pale Brandy. York Hams···Nautical Almanacks for 1846 (31/5/1845)
Alfred Humphreys	20 Queen's Road	1843	just landed ex "PASSENGER,"...Alsopp's Pale Ale, in three dozen cases. Fine Pale Sherry, in Hogsheads. Superior ditto Brandy, ditto. Ditto do Sherry, in bottle. Ditto do Brandy, in do (Martell's). Ditto Claret. Ditto Champaigne. Ditto Port Wine. Best Cherry Brandy. Ditto do Cordial. Ditto Rum Shrub. Ditto Raspberry Cordial. (27/7/1843)
Antonio Collaço	Victoria	1842-1843	FOR SALE. - On the marine Lot next the China Bazaar...Sherry in Wood and bottle, *very Superior*, Java Arrack in half Leaguers (8/12/1842)
ARCH: MELVILLE	Victoria	1846	FOR SALE. MADEIRA in Pipes and Hhds. Also, Superior Malmsey in quarter casks. (2/5/1846)
Bell & Co.	Victoria	1845-1848	FOR SALE. Very superior Port, Sherry, Madeira, and Claret, in bottle. ALSO, Madeira, in pipes and hogsheads, from the House of SCOTT PENFOLD & Co., Madeira. (26/2/1848)
Blenkin, Rawson & Co.	Victoria	1846-1850	FOR SALE... superior Sherry, Madeira, and Port, in wood and bottle; Champagne from the house of Mumm & Co. Rheims. (22/7/1846)

Bennett Pain, & Co.	廣告內沒列明	1843	NOTICE. *To be disposed of at the Rooms of the undersigned the following Goods, viz*: Hanging Lamps (of 4 Burners), superior Brandy, in one doz. cases, Gin Schiedam do, Beer and Porter, Wines of all descriptions, superior quality, Jams and Jellies in 1 doz. cases...*N.B. Goods received and sold on Commission free of Storage.* (20/4/1843)
Bowra, Humphreys & Co.	Victoria	1846-1851	FOR SALE, AND received per late arrivals by the undersigned...Saddlery, Ladies, and Gents. Riding Whips...Cooking utensils, Oilman's Stores, Allsopp's Beer, Dark and Cherry Brandy, Champagne, Hock, Sherry, Port, Madeira and Cherry Cordial. Likewise a quantity of Bengal Rice and Gram. (31/10/1846)
Burd Lange & Co.	Stanley Street	1845-1847	FOR SALE. - WHITE and Cargo Rice, Bally Coffee Coriander Seed...Cherry Cordial and Saunder's Bottled Beer in 3 doz Cases. (16/4/1845)
Mr Burgess	Victoria	1846	EXTENSIVE WINE SALE. MR. BURGESS has received instructions to Sell by PUBLIC AUCTION, at his Sale Rooms, Queen's Road, on Monday the 20th July, at 11 o'clock A.M. 250 Doz. very superior Claret. 60 " " East India Madeira. 150 " " Imperial Sparkling Champagne. 100 " " Table Sherry. 50 " " rich Ducal Burgundy. The above Wines will be put up in lots to suit the convenience of purchasers. (18/7/1846)
Bush & Co.	廣告內沒列明	1845-1851	FOR SALE. SUPERIOR Gold and Pale Sherry, received direct from the House of Messrs Warre, London, in Hogsheads, quarter Casks

and Cases. (31/5/1845)

C. Markwick	Pottinger Street	1842-1850	PUBLIC AUCTION. There will be sold by Public Auction on Monday the 11th July, at 10 A.M. by C.Markwick. At the godowns of N. Duus No. 18 Queens Road. Beer, Biscuits, Manilla Rum, and English Brandy, in Hogd. Cordial, old Jamaica Rum, Irish Pork, Flour and Lisbon wine in barrel... Crates of empty bottles and Corks, &c. &c. (7/7/1842)
C. V. Gillespie	46 Queen's Road	1842-1843	The Granite Godown No. 46. Queen's Road-How-an, will be completed and ready on the 1st. proximo for the reception of Merchandise on rent at low rates. The Godown has a Stone Pier in front, 275 feet long, and is situated at a distance above high water mark with a double sea wall that will protect it against the rise of sea usual in Typhoons (7/4/1842) has on Sale...Coal, square Iron, Plate Glass, Irish Pork in barrels, Preserved Meats, Fish and Vegetables in tin and in cases of six dozen each, Sherry, Champaigne, Port, Hock, Brandy, White and Grey Long Cloths. &c. (23/2/1843)
C. W. Bowra	13 Queen's Road	1843-1845	FOR SALE...Ironmongery & Cutlery...Liqueurs, Port & Sherry in wood & bottle, Champagne Pints & Quarts, Claret, Hock, Moselle &c. (12/10/1843)
Charles Buckton	Queen's Road	1846-1848	TO COMMANDERS &c. THE undersigned begs to solicit the attention of Commanders of ships and the public to his extensive assortment of stores, replenished every month by direct importations to his own indent, consisting of - Europe, Manila and Coir Cordages...Brandy, Gin, Rum and Whisky. Sherry,

			Port, Madeira, Champagne, Hock and various other light wines. India and London Bottled Beer, Barclays' Porter etc. (5/9/1846)
D. Chisholm	13 Queen's Road	1843	THE undersigned begs leave to notice that, he has opened, a general Store 13 Queen's Road next to Mr. BOWRA's, and respectfully solicits a share of public patronage; he has the following goods for sale. - Damask and Diaper Table Cloths...Wine Coolers...Sherry in Wood and Bottle, Brandy in one dozen Cases, Allsops pale India ale, a quantity of patent India Rubber Corks...(20/8/1845)
D. Disandt F. H. Tiedeman	13 Queen's Road	1844	NOTICE. We the underisgned beg to announce that we have this day established ourselves as Commission Agents at Hongkong... To be landed in a day or two Small parcels of highly esteemed Wines, consisting of Fine old Port, Larose Claret, St. Julien Claret, Pale and Medium Sherry, Pale Brandy, very superior, in dozen cases. (20/4/1844)
D. Wilson & Co.	Victoria	1842-1843	D. WILSON & CO. WINE BEER & SPIRIT MERCHANTS, OIL & ITALIAN WAREHOUSEMEN, AND GENERAL STORE-KEEPERS (8/12/42)...announce the arrival of their Brig the ALGERINE, bringing with her a further supply of Allsopp's and Bass's Ale in pints and quarts, a small supply of very choice wines, consisting of Champagne, Still Hock, Sparkling Burgundy, pale and brown Sherry in pints and quarts, Liqueurs, Brandied fruits, Raspberry, currant and cherry juice, Cherry Brandy, Syrups &c. &c. Eleven fat Bengal Sheep, also Gram and Dhol (5/10/1843)

Dent & Co.	廣告內沒列明	1846	FOR SALE. MADEIRA in Pipes, Hogsheads and quarter Casks from the well known House of Stoddart & Co. Port in Cases of 3 dozen each. Hodgson and Abbots Pale Ale in Hogsheads. (20/5/1846)
Dickens & Co.	廣告內沒列明	1844	JUST received & for sale by the undersigned, Good Dutch Butter, Fresh Sardines...French Velvet Corks...Superior Pales and Brown Sherry, Do. Pale Brandy, in dozen cases, Heath's do. do. Claret, Moselle, Sauterne, Champagne, Cider, Cherry Brandy, Cordials (25/5/1844)
Dickens, and McIntyre	Queen's Road	1843	AUCTIONEERS AND COMMISSION AGENTS PROVISION AND GENERAL STORE, Opposite the Godowns of Alex. Moss Esq. Queen's Road...have constantly on hand, Oilman's Stores, Grocery, Cutlery, Wines, Beer, Ale, Porter, Brandies &c. &c. (14/12/1843)
Drinker & Co.	Victoria	1848	FOR SALE. AMERICAN Mess Beef and Pork, just landed...LIQUORS: Superior Brandy, Dark and Pale, of the following Brands, in Wood and Bottle:- Otard, Dupuy & Co.; J.J. Dupy & Co.; Alex. Seignette; Jas. Hennessy; Dulary, Bellamy Co. Common French Brandy, in 1 dozen Cases; Manila Rum. WINES. - Scott, Penfold & Co.'s Madeira, Hurie & Nephews' superior Pale Sherry. Geo. IV. Sherry, Duff, Gordon & Co., 1825. Pure Dry Lisbon. Old London Dock & Osborne's Table Port. Clarets - Chateau Leoville, and St Juliens. Champagne, of superior quality. Jos. Lang & Co.'s Steinberger Cabinet

			Hock. Cherry Brandy, in Wood. AND A General Assortment of Hardwares suitable for the South Seas Islands. (22/4/1848)
Drinker, Heyl & Co.	Victoria	1848	FOR SALE EX "SAMUEL RUSSELL" SUPERIOR Dark and Pale Bradny, in half Pipes, Quarter Casks, and Bottle. Sherry Wines, in Wood. "Sickels" Wine Bitters, in 1 dozen Cases... few Pieces of fine Cloths and Cassimeres (12/1/1848)
Edwd: N. Burgess	oposite Chinam's Hong, Queen's Road	1846	ON SALE by the undersigned at his Rooms, opposite Chinam's Hong, Queen's Road: - Sherry, Claret, Muscatel, Port, Brandy, Gin, Arrack, Beer, Porter, Cyder. Italian and French Olive Oil... (22/7/1846)
Edward Hall	Queen's Road	1847	TO CAPTAINS AND SHIP OWNERS. ON Sale at the Godowns of the undersigned, Queen's Road, the following Ship Stores, viz., Flour in Barrels, Ship Biscuits 1st and 2nd quality, Manila Biscuit, Manila Coffee, Manila Chocolate, Manila Cigars...Wines and Spirits, Ale and Porter (9/6/1847)
Edward Newman	Victoria	1844-1846	Underwriter's & Ceneral Auctioneer & Commission agent (9/11/1844) JUST LANDED - A quantity of Allsops Pale Ale in bottle, and superior London bottled Sherry (1/1/1845)
Edward Pine Coffin C. G.	Commissariat	1843-1844	SALES OF PUBLIC STORES... Arrack. Pepper. Tamarinds. Suet. Portable Soup. Khut. Brandy. Tallow Candles. Vinegar. Soap. Pease. Biscuit. (14/12/1843)
F. Funck	Victoria	1845-1846	JUST landed ex "Earl Powis" and for sale by F. FUNCK. Allsop's Pale India Ale in three

			dozen cases. A few sets of Parkside and other Jugs. (2/5/1846)
F. H. Tiedeman	Queen's Road No. 20	1842-1844	FOR SALE. - Batavia Arrack, Claret, Cherry Wine, Brandy in Cases, Manilla Segars No 3, 4 and Sodawater (29/12/1842)
Fletcher & Co.	Hongkong	1845-1851	FOR SALE. WEBSTER, Gordon, Cossart & Co's. superior Madeira, in Hhds, quarter and half quarter casks, and in cases. (18/2/1846)
Fox Rawson & Co.	Hongkong	1844-1845	FOR SALE. At the Godowns of Mr Messrs Fox, Rawson & Co., Burton Ale in Hhds, from Worthington and Robinson. (28/6/1845)
Francis Dickens	Victoria	1844	JUST received & for sale by the undersigned, Good Dutch Butter...French Velvet Corks... Superior Pale and Brown Sherry, Do. Pale Brandy, in dozen cases, Heath's do. do. Claret, Moselle, Sauterne, Champagne, Cider, Cherry Brandy, Cordials (20/4/1844)
Franklyn & Milne	Queen's Road/ Victoria	1846-1847	PALE Burton Ale in Hogsheads. Pale Cognac Brandy in Cask and bottle. Fine full flavored Port. Very Pale Sherry. Pale do. Brown do. Champagne and Claret, at very low prices. Sparkiling and still Moselle, Liqeurs &c... (28/8/1847)
Fras. Dickens	廣告內沒列明	1844	RECEIVED ex Anne Jane Superior Byass's London Bottled Ale and Porter. Also per Possidone Superior Calcutta bottled ale and porter. (12/3/1844)
G. Moses & Co.	Queen's Road	1842-1843	For Sale at the Rooms of the undersigned... Black Silk Stockings, White coloured and Fancy Socks, Regatta Shirts, Duck and Fancy

			Trowsers...Best Brandy, Sherry, Gin and Beer &c. &c. &c (23/2/1843)
G. F. Davidson	廣告內沒列明	1843	FOR SALE. Per Venice. Flour in barrels, Shag Tobacco in barrels...Champagne Cider, in one dozen Cases... London Bottled Sherry, in 3 dozen Cases. (8/6/1843)
George Duddell	廣告內沒列明	1850-1851	PUBLIC AUCTION. (*The Property of a Gentleman leaving the Colony*) On Monday, 18th instant, at 3 P.M., will be sold on the Premises No. 4 Gough Street...Mirrors, Lamps, Carpets, Crockery and Glassware, 1 Iron Safe, 2 Superior Saddles...Wines and Spirits and 1 Pair of Pistols(16/2/1850)
George Lyall & Co.	廣告內沒列明	1849-1851	FOR SALE. SUPERIOR Port and Sherry, from Henry Tatham, London; also Claret and Brandy, from Thomas Dunkin & Sons, Bordeaux (24/4/1850)
Gibb, Livingston, & Co	Victoria	1842-1851	FOR SALE. BLANDY'S Madeira, in half pipes, hhds, and quarter casks. (21/11/1846)
H. J. Carr.	Victoria	1846	FOR SALE. A few Cases Superior Port wine and Sherry wine, at a moderate price. Also, Some superfine Blue and Black Cloth (22/2/1845)
Hegan & Co.	廣告內沒列明	1846	FOR SALE. AT the Godowns of the undersigned, in One Doz. Cases - Cognac. Do. Vieux. St. Estephe. St. Julien. Chateaux Margaux. Champagne. Just landed from the French ship Adhemar. (5/9/1846)
Henry & Co.	Victoria	1845	FOR SALE EX MAURITIUS. CUTLERS Claret, 1st and 2nd Growth. Ditto Sauterne.

			Superior Sherry in cask and in bottle. Saunders Pale Ale in Hogsheads. (23/7/1845)
Henry, Humphreys & Co.	廣告內沒列明	1843	FOR SALE...Port Wine, in 3 and 6 doz cases. Sherry do. do. Claret do. do. (14/12/1843)
Holliday, Wise & Co.	Victoria	1843-1850	FOR SALE. The following Wines ex *Cannala* - Port, Sherry, Sauterne, Hock, Claret, Sparkling Champaign, Hermitage, Pale Cognac Brandy in Cases of 3 dozen each. Scheidam Geneva in do. of 1 dozen. ALSO Superfine Italian Salad Oil. (27/2/1847)
Holmes & Bigham	Victoria/ Queen's Road	1846-1847	NOW LANDING EX "MARMION". A quantity of Allsops' Pale Ale Bottled by Barclay & Friend, London. (31/3/1847)
Hughesdon, Calder & Co.	Victoria	1844	FOR SALE. - The under Wines just received from Alexander Black London. Fine old Pale and Brown Sherry. Fine old Port. Champagne (25/5/1844)
Humphreys & Co.	No. 13 Queen's Road	1845	JUST LANDED. PALE & dark Brandy in cases and wood, superior Gin and fine Java Coffee (20/9/1845)
J. C. POWER	4 Oswald's Road, Victoria (1843)	1843-1845	WINE MERCHANT AND COMMISSION AGENT, has just received *ex Oriental*, by direct consignment, a samll quantity of *Superior fruity* Claret which will be disposed of at a moderate price to insure a quick sale; also Sherry in Quarter Casks and bottle, and a few Cheeses in excellent condition (29/3/1845)
J. Dalmas	Corner Aberdeen Street Opposite the	1846	FOR SALE. OLD Champagne Cognac in dozen cases. Brandy in casks. Sherry Wine in dozen cases. French Salad Oil. Ladies

	Baker (1845) No. 3. Graham Street (1846)		Paris Boots, of various colours and sizes (21/11/1846)
J. F. Hight	廣告內沒列明	1842	FOR SALE. - A Large Quantity of Singapore Beams, Planks, 100 Cases very Superior Sherry in Pints, and Quarts, 400 Kegs of White Lead (7/7/1842)
J. Iness	Queen's Road	1850	JUST LANDED FROM THE "FORFARSHIRE." AT the Store...Jams, Jellies, Chesse, Pickles...Pale and Dark Brandy, Port, Sherry, Champagne, Claret, Barsac, Real Scotch Whiskey, Bass' Pale Ale, Marzettis' Ale and Porter, Cut Decanters from $3 a pair, Tumblers, Claret and Wine Glasses of all kinds, Tea in 10 catty boxes, Coffee, &c (3/8/1850)
J. Kains	Victoria	1845	THE Undersigned has for Sale in Bottles quantity of Superior London Porter, Irish and Scotch Whiskey, Cherry Cordial, &c. Also Ship Bread, Flour, Hams, Java Coffee and vairous other articles. (22/2/1845)
J. J. Lopes	Victoria	1844	FOR SALE. - At the the Hotel of Mr J. J. LOPES, viz: Fine Claret, Do. Port, Do. Brandy, Do. Porter, Do. Champagne, Do. Sherry... (20/4/1844)
John Bennett	Queen's Road	1843	...has on hand for Sales...Pale Ale, Dunbar's; French Claret, St. Julien; Superior light French Wines, assorted; Superior Brown Sherry; Do. Brandy; Salad Oil, in cases; Mocha Coffee...(8/6/1843)
John Burd & Co.	Queen's Road	1842-1843	FOR SALE. - Bally Rice, Coffee, Cocoanut Oil, Java arrack, in cases and casks. Port and

			Sherry wines, whiskey, and Old Rum, in barls. Cherry Cordial (in pints)...(29/12/1842)
John G. Morison	廣告內沒列明	1850	FOR SALE. SUPERIOR BRANDY, in Wood and Bottle; ALSO, Barsac, Sparking Moselle, Marsalla, Bucellas, and Sauterne. (5/6/1850)
John Leathley	廣告內沒列明	1843	FOR SALE. - Sparkling Champagne, and Johannisberg Hock, from Messrs. T. Giesler, & Co, of Rheims and Cologne (27/7/1843)
John Ritson	Victoria	1844	FOR SALE. CLARET, $6 and $9; Red Burgundy, $12; Red Hermitage, $12; Sauterne, $6; Hockheimer, $10; Champagne, $16; Port, $9; Sherry, $9; Cognac, $8; Scheidam, $5; Curacao, $15; Noyau, $15; in cases of one, two and three dozen each, from Messrs Hemery Brothers, Jersey. Apply at the Godown of Holliday, Wise & Co. (6/7/1844)
John Smith	廣告內沒列明	1844	RIPE PALE ALE. - The undersigned has just received a batch of really superior London Bottled Beer, and on sale at moderate prices (22/6/1844)
Kennedy, Macgregor, & Co.	Victoria	1845-1850	FOR SALE. VIDONIA in Pipes, Hogsheads and Quarter Casks from the house of Bruce & Co., Teneriffe (22/2/1845)
L. E. Christopher	Victoria	1845	FOR SALE at the Stores of the undersigned...An assortments of Glass Ware, Oilmans Stores, a small invoice of Jewellery... Alsopps Beer, Cognac Brandy, Gin, Wines and Cherry Cordial, upon the lowest terms. (27/12/1845)
Lane, Crawford	Victoria	1850-1851	FOR SALE.JUST landed from the "Investi-

& Co.			gator" direct from the house of G. MARX of Bonn. Ten Cases one Dozen each, Very Superior, SPARKING MOSELLE. (28/12/1850)
Lane Rowland & Co.	Victoria	1845	FOR SALE. JUST RECEIVED EX "QUEEN MAB" a quantity of Superior Allsops pale Ale in 3 doz. Cases, Cumberland Hams, Berkeley Cheese, Butter, Curd Soap, Sperm Candles, Malaga Raisins, Zante Currants, Preserved Oysters & Shrimps, Tart Fruits, Sauces, Table Salt in Jars, Pale Sherry and Brandy, Canvas, Rope and various other Articles. (31/5/1845)
Lindsay & Co.	Victoria	1845-1849	WINES FOR SALE. GLEDSTANES, CONINGHAM & Co., Superior Sherry, Madeira, Port, and Claret in Cases of 3 dozen each. BARTON & GUESTIER of Bordeaux, Claret, in 1 and 3 doz. Cases. LEACOCKS, Madeira, in wood. (29/5/1847)
London Hotel	廣告內沒列明	1842	FOR SALE AT THE LONDON HOTEL - Claret Chateau Larose. Champagne. French Cognac. Sherry. Liqueurs. Beer, Porter. Champagne Cider. Coffee, &c. &c. &c. (11/8/1842)
McEwen & Co.	Victoria	1844-1851	FOR SALE. FINE Old Port and Sherry, superior Cognac, Claret, Scotch Whiskey, Beer and Porter in 4 doz packages, Salmon in tins and kegs, patent Barley and Oatmeal, Jams and Jellies, bottled Fruits, Pickles and Suaces, dried Herings, &c. (23/10/1844)
Macewen & Co.	Victoria	1846	PUBLIC AUCTION. THIS day, Wednesday 6th instant, at 11 o'clock A.M. at Chinam's Hong...Sofas, Chairs, Tables, Wash hand

			Stands...Wine and Brandy in bottle and cask; Beer and Porter in bottle; some Saddlery, and a lot of Hams, &c. &c. Terms, Cash on delivery. (6/5/1846)
Maclean Dearie & Co.	Queen's Road	1844	FOR SALE.... Beer and Porter in Wood and bottle; Bleached Canvas... (9/11/1844)
McMurray & Co.	Victoria, Queen's Road & Aberdeen Street (29/11/1845)	1845-1846	...*from England and America.* Paris Hats; Champagne Cider; Butter; American Navy and Pilot Bread; Britannia Metal Goods of every descriptions; superior Cutlery; Lozenges; Liqueurs; Brandy; Sherry; Port and Madeira Wines; Chetney and Curry Powder; Boots and Shoes; Murray's Wine Biscuits in Tins; Arrowroot; Sarasparilla Mead; Lemon Syrup (21/11/1846)
N. Boulle	Queen's Road	1844	FOR SALE. - FINE CLARET, Chateau Lafitte per dozen $8. ″ Chateau Margaux per doz $7. ″″ Leoville ″ $6. ″″ St. Julien Medoc ″ $4.5 ″″ Pauillac $3.5. Fine White Wine Vinegar $2.5. Beer Corks, per thousand $3.5. Salade Oil, superfine (thirty pint bottles) $8. Perfumed Soap, one dozen $1.5. Apply on board the French ship Orient, or to N. Boulle. (22/6/1844)
N. Duus	No. 18 Queen's Road (1842)	1842-1845	OFFER FOR SALE, ON COMMISSION... Brandy in Wood and Bottles. Vinegar, ″ ditto. Beer, ″ ditto. Sherry, Madeira, and Claret, Gin and Soda Water, English Hams, Tongues and Tripe, Preserved Meats and Smoked Herrings, Provisions, Biscuits, Tobacco, Cheroots and Stockholm Tar. (31/3/1842)
P. Townsend	removed to the	1843-1847	JUST RECEIVED. AND for sale by the un-

	New Buildings opposite Messrs. Holliday, Wise and Co. (23/7/1845)		dersigned Prime York Hams, Cheese, superior Port in 3 doz. cases, very superior Pale Brandy, Choice Pickles &c. At whoelsale and Retail. (31/5/1845)
P. Townsend & Co.	Queen's Road	1842	AUCTION. On Tuesday 16th Inst. at the Godowns of P. Townsend & Co. 100 Cases (each 1 Doz.) Amercian Ale in Lots, Dark Brandy, Sherry Wine, Port ″, Claret ″, Gin, Dried Apples, Bread, Cheese, Beef and Pork. A Lot of Locks, Hinges... (11/8/1842)
Paine, & Co.	Magistracy Street	1843	To the Captains of Vessels and others connected with the Port of Hong-kong...have for sales at their Stores, (the premises in Magistracy Street, lately known as the Exchange Rooms) the following Articles, viz : - Prime Mess Beef and Pork, Paint...Brandy in wood and bottle, very Superior Golden Sherry, Golden Sherry, Port Wine, [Cockburn's] Claret, St. Julien, Margaux, Hock, Frontignac & Barsac, Barclay's Stout... (8/6/1843)
Phillips Moore & Co.	Victoria	1845	FOR SALE at the undersigned, - Sparkling Hock and Moselle in cases of 1 doz. Claret in cases of 3 doz. Port in cases of 3 doz. (31/5/1845)
R. Oswald	廣告內沒列明	1842	FOR SALE - Lately imported...Saunder's celebrated pale Burton Ale in Hhds. Beef in tierces; Pork in Barrels. 120 Tons English Coals. Singapore Planks. (11/8/1842)
R. Webster	廣告內沒列明	1842	FOR SALE. - Brandy, Sherry, Claret and Beer in Cases (15/9/1842)

Rawle, Drinker & Co's.	廣告內沒列明	1851	FOR SALE. An invoice of Superior JAVA coffee, and Marzetti's Ale and Stout, in 4 and 6 Dozen Casks.(22/11/1851)
Rawle, Duus & Co.	Victoria	1845	FOR SALE. At the Godowns of he Undersigned, - Hock, Seltzer Water, and Bass's E.I. Pale Ale. (24/11/1847)
Robt Lowrie	Queen's Road	1844	NEW STORE. JUST received and now open for sale by the undersigned at the store formerly occupied by J. W. Bennet, Queen's Road. Champaigne, Claret, Sherry, Port, Brandy, Ale, Porter, Cider, Perry, Vinegar, Cherry Cordial, Manila Cheroots, Stationary of all Sorts... (12/3/1844)
Rob. Rutherfurd	Queen's Road	1846-1850	NEW GENERAL STORE AND COMMISSION ROOMS. MR. R. RUTHERFURD begs to inform the Merchants and Foreign Residents in China, that on Monday first, he will open the Godown in Mr Strachan's New Houses, Queen's Road; and will have for sale a Genral Assortment of Goods... AND THE FOLLOWING SUPERIOR WINES, &c. Champagne in Pint and Quart Bottles. Hockheimer in 1 dozen cases. Johannisberger in 1 " ". Cutler's claret in 3 " ". Sherry in 1 " ". Sauterne in 3 " ". Copenhagen Cherry Brandy in 1 dozen cases. Pale Brandy in 1 dozen cases. Byass's Beer and Porter.(18/3/1846)
Robert Strachan	Victoria	1845	FOR SALE. SAUNDERS Pale October brewed ale in Wood, Allsops Beer in Wood, Port and Sherry, Champagne and Claret. (30/8/1845)
Smith &	No 1 & 2 Woos-	1845-1851	Ship Chandlers, Wholesale and Retail Wine

Brimelow	nam's Buildings, corner of Potinger Street		*and Spirit Merchants, and Commission Agents &c. No 1 & 2 WOOSNAM'S BUILDINGS.* Have for sale all kinds of Stores suitable for ships; such as Canvas, Blocks, Rope, Twine, Beef, Pork &c. Also Stores suitable for families, Double Gloster Cheese, Butter in small Kegs and Jars, York hams, Coffee, Chocolate, Preserved Meats and Soups, Suaces... Beer and Porter in Cask, Barclay and Perkins Stout in bottles, Allopp's Beer. Superior Port and Sherry, Madeira in wood and bottles, Vidonia, old Cognac, Whiskey in cask and bottle, Cask Brandy, Cheery Cordial, and a variety of other articles. (27/12/1845)
Syme, Muir & Co.	Victoria	1849-1851	CLARET IN HOGSHEADS. JUST Landed ex French Ship "Junon." For sale at very moderate rates. (25/9/1850)
Thos. J. Birdseye Auctioneer	18 Queen's Road	1845	PUBLIC AUCTION...will sell on Monday 11th inst. At the Godowns of N. Duus, Esq. Herrings in cases, preserved Hams, Butter, Cheese, ships Biscuit, Lisbon Wine, Oilmans stores, Vinegar in casks, fire proof boxes, Blocks, Lamps...Terms Cash on delivery. (9/8/1845)
Thos. Ripley & Co.	Victoria	1845	ON SALE...600 dozen Sherry wine, 250 ditto Port ditto (20/9/1845)
W. Emeny	Queen's Road	1850	BREAD AND BISCUIT BAKER AND GENERAL STORE KEEPER, QUEEN'S ROAD...Fancy Water & Cuddy Biscuits, Water Crackers, American Flour...Worcester and other Sauces...Brandy, (Martell's and Dunbar's). Rum and Arrack. Gin (Hollands and Booth & Co's). Old Tom, Peters Hambro do.

			Sherry, Port, Claret, and other Wines, Beer in Casks fit for large Messes or Publicans, Porter Do. Do. Do. Cherry Cordial, Bitters, Ginger Wine. (31/8/1850)
W. G. Blackler	Victoria	1845	FOR SALE. On board the American Ship "TONQUIN."...20 Boxes French Liqueurs assorted. 100 Dozen Ale...(9/8/1845)
W. H. Franklyn	Victoria	1845-1850	SHIPPING AND GENERAL COMMISSION AGENT, AND AUCTIONEER, CHINAM'S WHARF, VICTORIA. HAS For Sale all kinds of Ship and Cabin Stores, Wine and Spirits, Bottled Ale and Porter. Ditto ditto in Cask...at Wholesale prices, in not less quantities than one Case, Piece, on Package. A liberal allowance made to the Trade. (28/6/1845)
W. Scott & Co.	Victoria	1846-1849	FOR SALE, EX LATE ARRIVALS. GOOD, and Pure Sherries, in Bottle, at from $8 to $20 per doz.; in Wood (Octv. Hhd.) at $27.5 per Octv.; and upwards. Also Port, Madeira, Champagne, and a variety of classes of Claret and Hermitage, at the Goodowns of W. SCOTT & Co. (23/12/1846)
Wm. Pustau & Co.	Hongkong	1846-1851	FOR SALE...Russian Cordage, Paint, Paint Oil, Canvas, Blocks, Bunting, Twine, and superior Hamburg Mess Pork and Beef. Wine, Brandy, Gin and Vinegar. (31/10/1846)
Wm. S. Heyl	Victoria	1846	FOR SALE. On the stores of the Subscriber. Sherry and Madeira Wine in Wood and Bottles; Port Wine in Cases; Peppermint Cordial; Ale in Wood; Porter and Cider in Bottles; Superior American Butter...(10/12/1845)

Wm. T. Kinsley	Victoria	1842	ON SALE. NAIL Rod Iron. Calcutta Bottled Beer, in Cases of 6 doz. Navy and Pilot Bread. American Flour. (14/7/1842)
William Allanson & Co.	20 Queen's Road	1843	FOR SALE - by the Undersigned, at their Godowns, on very moderate terms: - Sherry, Port, Cherry Brandy; Brandy in Wood and Bottle; Arrack; Seltzer Water...Patent Copying Machines, Jams, Jellies...(8/6/1843)
William Buist	adjoining Mr Boulle's, Queen's Road	1843	WILLIAM BUIST, begs respectfully to intimate to the inhabitants of Victoria, and the public in general, that he has opened the premises adjoining Mr Boulle's, Queen's Road, as a wholesale and retail Wine and Spirit Shop and BILLIARD ROOM (14/9/1843)
William Henry	Queen's Road (1843) 17 Queen's Road (1845)	1843-1845	NOTICE. IT being necessary to dispose of the undermentionned goods ex "MAURITIUS." without delay, in order to close an account, they will be sold on very moderate terms: An invoice of Culter's Claret No. 1 Growth...No. 2 Growth...Champagne...Sherry Wines in Casks, shipped by G. Nicholas... Saunder's Pale Ale in Hhds. and Butts (of the October brew.) (20/9/1845)
William Scott	Victoria	1844-1849	FOR SALE...Claret St Julien Pameys and Destournel, Liquers, Olive oil, Champaine, French plums in Cannisters, Cognac Brnady in Doz Cases $1 each. Brandy fruits (12/3/1844)
W. & T. Gemmell & Co.	Victoria	1844-1847	FOR SALE. - Pale and Brown Sherry, E.I. Madeira, Port, Hock (Graefenberg), Claret, Champagne, and Cognac Brandy. (25/5/1844)

39th Regiment M. N. I.	Mess. 39th Regiment M.N.I	1842	FOR SALE. - Superior Pale Sherry in bottle at 8 per Dozen. Fine Madeira Wine in bottle at $8 per Dozen. Apply at Mess. 39th Regiment M.N.I (8/12/1842)

1842至1851年香港進口洋酒名錄

Some wine & spirits marketed in Hong Kong during the period 1842-1851

以下名錄列出部份在1842至1851年間《中國之友與香港公報》的廣告中出現過的酒及相關的品牌、價錢和包裝資料。輯錄時不作翻譯，也不修正原文錯別字，盡量保持資料原始面貌。括號內是賣酒人名字，日期則為刊登日期。報紙廣告普遍連刊數期，這裡並沒有追查最早的刊出日期和相關廣告的出現次數。

資料按廣告上顯示之出口地排序，部份酒的出口地並非原產地，例如在英國灌瓶的波爾多紅酒，原產地是法國。

鑒於沒有任何同期香港市場的具體消費數據，暫未能確定哪個類型、品牌、價位的酒較受歡迎，什麼酒無人問津。

二十一世紀的愛酒人看這個名錄，以當下的品酒潮流和常識作參照，或會驚嘆在170年前的香港可找到選擇如此豐富的酒，不少更是今日飲家耳熟能詳的佳釀，感覺絕不陌生。然而，反觀本書前文出現過的酒，最常被述及的是櫻桃拔蘭地、啤酒、亞或、香檳、德國萊茵河酒，許多並非今日時尚。愛酒人於熟絡的佳釀中尋趣之餘，何妨也翻翻陌生酒的故事？

啤酒

※ London Bottled Beer (Alexander Moss.) 14/9/1843

※ English Bottled Beer in Casks of 3½ dozen, each 3 dollars ditto. (Holliday, Wise & Co.) 25/5/1844

※ London bottled Porter, 1.75 per dozen (J. Kains) 9/7/1845

※ in Bottles a quantity of Superior London Porter (J. Kains) 22/2/1845

※ Real Edinburgh Ale, East India Pale Ale (Charles Buckton) 26/1/1848

※ Saunders new October brewed Beer in Hghds and Cases (N. Duus) 31/5/1845

※ Bottled Ale and Porter (A. Humphreys) 23/2/1843

※ Allsop's India Ale (D. Wilson & Co.) 24/8/1843

※ Allsop's Calcutta bottled Beer, a small batch, Warranted in the finest order (F. H. Tiedeman) 23/10/1844

※ Allsops English Bottled (India Ale) in cases of 3 doz each. (C. MARKWICK) 23/10/1844

※ Allsopp's and Bass's Ales in pints and quarts (D. Wilson & Co.) 5/10/1843

※ Allsops' Pale Ale Bottled by Barclay & Friend, London (Holmes & Bigham) 31/3/1847

※ Byass's Beer and Porter (R. Rutherfurd) 18/3/1846

※ London Basses East India Pale Ale (W. H. Franklyn) 22/2/1845

※ Superior Byass's London Bottled Ale and Porter (Fras. Dickens) 12/3/1844

※ Bass's E. I. Pale Ale. (Rawle, Duus & Co.) 24/11/1847

※ Saunder's, celebrated pale Burton Ale in Hhds. (R. Oswald) 11/8/1842

※ Saunder's, Pale Ale in Hhds. and Butts (of the October brew.) (William Henry) 20/9/1845

※ Saunders Beer in Hhds and Butts (Humphreys & Co.) 23/7/1845

※ Allsops Pale India Ale in bottle and wood, Bass's October brewing in wood (Smith & Brimelow) 23/7/1845

※ Allsopp's and Bass's Ale in pints and quarts...sold in cases of 6 doz quarts @$4, - pr dozen, or 12 doz pints @$2.5 pr dozen, and 50 cents for each case (D. Wilson & Co.) 5/10/1843

※ Bass, Alsopps, Hodgsons and Byass's bottled ales (W. H. Franklyn) 28/6/1845

※ Prime Ripe Beer, from Allsopp and Campbell in hhds. ... in bottles (D. Wilson & Co.) 7/4/1842

※ Marzetti's Ale and Stout in Bottles, Prestonpans Ale, do., Bass's, do., do., Tennant's Beer in Hhds. (Smith & Brimelow) 28/8/1850

※ Hodgson & Abbott's Pale Ale, in Hogsheads (Smith & Brimelow) 29/5/1847

※ Rees and Tennents Beer and Porter, in Wood and Bottle. Also, Bass and Allsops Beer, in Bottle. (Fletcher & Co.) 28/6/1845

※ Dunbar & Sons' India Pale Ale in Bottle. do. Brown Stout do. (Holmes & Bigham) 5/9/1846

※ Hodgsons Ale (N. Duus) 29/12/1842

※ Burton Ale in Hhds, from Worthington and Robinson (Fox Rawson & Co.) 31/5/1845

威士忌

※ Campbell-town Whisky (in bottle or Cask) (M. Mc. Ewen) 12/3/1844

※ Old Scotch whisky [real Glenlevit] (McEwen & Co.) 22/2/1845

※ Real Scotch Whiskey (J. Iness) 3/8/1850

※ Irish and Scotch Whiskey (J. Kains) 22/2/1845

※ 60 Gallons Jamieson's Irish Whiskey, vintage 1845 (Holmes & Bigham) 11/8/1847

其他

※ English Gin (McEwen & Co.) 1/1/1845

※ Booth's Gin in 3 and 1 doz. Cases, Old Tom (Smith & Brimelow) 28/8/1850

※ London Bottled Sherry, in 3 dozen Cases (G. F. Davidson) 8/6/1843

※ Superior London Port in pint and quart bottles (M. Mc. Ewen) 12/3/1844

※ Messrs. Wardell & Co. London Fine Old English Claret (W. H. Franklyn) 20/4/1844

※ superior Claret Dublin bottled (N. Duus) 22/2/1845

法國

香檳及汽酒

※ Champaign (N. Duus) 31/5/1845

※ Champagne Pints & Quarts (C. W. Bowra) 12/10/1843

※ Champagne in 3 doz. cases (P. Townsend) 3/7/1844

※ Champagne in 1 doz. cases @$12 per doz. (F. Funck) 20/9/1845

※ Bovet's superior Sparkling Champagne (J. C. Power) 14/12/1843

※ superior Sparkling Champagne, in 1 doz baskets (Robert Lowrie) 23/10/1844

※ Sparkling Champagne...from Messrs. T. Giesler, & Co, of Rheims and Cologne (John Leathley) 27/7/1843

※ 150 Doz. Imperial Sparkling Champagne (Mr. Burgess) 18/7/1846

※ Sillery Champaigne [white] $16 per doz. do. Œil de Perdrix 16 do. do. (AD. Guillain) 15/6/1843

※ Champagnes from Petiot Frezes, and Regaier (N. Duus) 19/3/1845

※ Champagne, from Möét of Epernay (D. Wilson & Co.) 7/4/1842

※ Mumm's Champagne (Blenkin, Rawson & Co.) 26/2/1848

※ Cutler's Champagne (William Henry) 20/9/1845

※ Sparkling Burgundy (D. Wilson & Co.) 5/10/1843

干邑及拔蘭地

※ light Cognac (McEwen & Co.) 1/1/1845

※ Prime old Cognac Brandy (M. Mc. Ewen) 12/3/1844

※ Cognac in Bottles at $6, per Dozen (Franklyn & Milne) 31/10/1846

※ Old Champagne Cognac in dozen cases, Brandy in casks (J. Dalmas) 21/11/1846

※ a few hogsheads Superior Dark Colored Brandy...Dark and Pale Colored Cognac in bottle, of first qual-
   ity (McEwen & Co.) 14/3/1846

※ Renaults' Superior Pale Cognac in Wood...Dark Cognac (Smith & Brimelow) 5/9/1846

※ Heath's Pale Brandy, in dozen cases (DICKENS & CO.) 25/5/1844

※ Brandy, from Thomas Dunkin & Sons, Bordeaux (Geo. Lyall & Co.) 16/2/1850

※ Martell's Pale & Dark Brandy 6$ per doz. (J. Iness) 15/5/1850

※ Martell's Dark Brandy in Wood at $2.50 per Gall. Do. Do. Do in Bottle at $6.50 per Doz. Superior
   French Bottled Pale Cognac at $5.00 per Doz. (Holmes & Bigham) 29/12/1847

※ 1,000 Gallons Martell's Brandy, vintage 1844 (Holmes & Bigham) 11/8/1847

※ Superior Brandy, Dark and Pale, of the following Brands, in Wood and Bottle:- Otard, Dupuy & Co.;
   J.J. Dupuy & Co.; Alex. Seignette; Jas. Hennessy; Dulary, Bellamy & Co. Common French Brandy in 1
   dozen Cases (Drinker & Co.) 22/4/1848

葡萄酒

※ 50 Doz. rich Ducal Burgundy (Mr. Burgess) 18/7/1846

※ casks of prime Claret (N. Duus) 8/6/1843

※ A good cheap Claret for summer use (W. H. Franklyn) 2/5/1846

※ Superior fruity Claret (J. C. Power) 29/3/1845

※ Superior Claret and Sauterne [Cutler & Co.] (Humphreys & Co.) 23/7/1845

※ French Claret in Casks (F. H. Tiedeman) 17/8/1843

※ Claret Wine, in 3 and 6 doz cases (Henry, Humphreys & Co.) 14/12/1843

※ Cutlers Claret, 1st and 2nd Growth. (Henry & Co) 23/7/1845

※ [Cockburn's] Claret, St. Julien, Margaux···Frontignac & Barsac (Paine, & Co.) 8/6/1843

※ Claret [Cuttler and Coy's] (McEwen & Co.) 3/7/1844

※ Claret... from Thomas Dunkin & Sons, Bordeaux. (Geo. Lyall & Co.) 16/2/1850

※ Gledstanes, Coningham & Co., Claret, in Cases of 3 dozen each. Barton & Guestier of Bordeaux, Clar-
   et, in 1 and 3 doz. Cases (Lindsay & Co.) 29/5/1847

※ from Messrs. Wardell & Co. London. Fine French Claret (W.H. Franklyn) 20/4/1844

※ French Claret, St. Julien; Superior light French Wines, assorted (John Bennett) 8/6/1843

※ St. Stephen and Medoc Claret (A. L. de Encarnação) 28/8/1847

※ Claret, Margeaux, Estepre and Medoc (Holliday, Wise & Co.) 26/7/1845

※ Haut, Sauterne, Claret Lascombes, Destournel, Lartigue, Sociendo (19/3/1845) N. Duus

※ from the House of Barton and Guestier of Bordeaux, Lafitte Claret, Latour do., Leoville do., Latour Blanche (Lindsay & Co.) 28/6/1845

※ Claret St Julien Pameys and Destournel (William Scott) 12/3/1844

※ St. Julien Claret $5.00 per dozen (John Kains) 9/7/1845

※ Chateau Larose Claret, St. Julien (Smith & Brimelow) 23/7/1845

※ Claret Chateau Larose (The London Hotel) 11/8/1842

※ Clarets - highly esteemed Lafitte, Chateau Margeaux, La Rose, Pedesclaun and Hermitage of the finest quality (F. H. Tiedeman) 23/10/1844

※ Fine Claret, Chateaux Lafitte per dozen $8 Chateaux Margaux per doz. $7 Chateaux Leoville per doz. $6 Chateaux St Julien Medoc per doz. $4.5 Chateaux Pauillac per doz. $3.5 (N. Boulle) 22/6/1844

※ Claret, $6 and $9; Red Burgundy, $12; Red Hermitage, $12; Sauterne, $6; Champagne, $16; Cognac, $8...in cases of one, two, and three dozen each, from Messrs Hemery Brothers, Jersey. (John Ritson) 6/7/1844

※ Chablis (J. C. Power) 14/12/1843

※ St Esteppe, in cases of 3 dozen each. Chateaux Margaux, in cases of 3 dozen each. Sauterne, in cases of 3 dozen each. Sparkling Champagne, in cases of 3 dozen each...from Hemery Brothers & Co, London (C. MARKWICK) 31/5/1848

其他

※ 20 Boxes French Liqueurs assorted (W.G. Blackler) 9/8/1845

※ Annisette de Bordeaux, Cyder (D. Wilson & Co.) 12/5/1842

※ French Port (W H Franklyn) 14/3/1846

葡萄牙

※ Lisbon and Tinto wine in Casks (On Board the Barque Chusan) 28/4/1842

※ Fine old Lisbon wine in wood and bottles (A.L. de Encarnaçao) 7/7/1842

※ Port Wine, from Cockburn, and Carbonell and Co. (D. Wilson & Co.) 7/4/1842

※ Fine Old Port at 6$ doz. (J. Iness) 15/5/1850

※ Old Port at $9.00 per Doz. (Holmes & Bigham) 29/12/1847

※ Superior Port in cases of 3 dozen, each 10 dollars per dozen (Holliday, Wise & Co.) 25/5/1844

※ Superior Port...from Henry Tatham, London (Geo. Lyall & Co.) 16/2/1850

※ Shaw and Maxwell's fine full flavored Port. (Franklyn & Milne) 13/11/1847

※ Wardell & Co's, superior Old Port per doz. $9.00 (W. H. Franklyn) 1/1/1845

※ Fine Madeira Wine in bottle at $8 per Dozen (39th Regiment M. N. I.) 8/12/1842

※ 4 Qr. Casks Madeira (G. F. DAVIDSON) 23/2/1843

※ Hunt's Port, Madeira (Smith & Brimelow) 28/8/1850

※ Blandy's Madeira, in half pipes, hhds, and quarter casks. (Gibb, Livingston & Co.) 23/12/1846

※ Blackburn's Madeira at $9.00 per Doz. (Holmes & Bigham) 29/12/1847

※ Madeira, in pipes and hogsheads, from the House of Scott Penfold & Co., Madeira (BELL & Co.) 26/2/1848

※ Madeira in Pipes, Hogsheads and quarter Casks from the well known House of Stoddart & Co. Port in Cases of 3 dozen each. (Dent & Co.) 1/4/1846

※ Gledstanes, Coningham & Co., Superior Madeira, Port in Cases of 3 dozen each...Leacocks, Madeira, in Wood (Lindsay & Co.) 27/3/1847

※ Webster, Gordon, Cossart & Co's superior Madeira, in Hhds, quarter and half quarter casks, and in cases (Fletcher & Co.) 19/3/1845

※ from the House of Perigal and Brady, Lombard Street London...Old Port in 3 doz. Cases@$12/ doz... Madeira 3 do. do. @12/ do. (McEwen & Co.) 31/5/1845

西班牙

※ Spanish wines, Sherry (J. Delmas) 29/11/1845

※ Sherry Wine in wood and glass (C.V.Gillespie) 28/4/1842

※ Sherry in Butts, Hhds. Qr. Casks and Octaves (N. Duus) 2/4/1844

※ Pipes, Quarter casks, Octaves 3 and 6 dozen cases of first rate Sherry (N. Duus) 20/4/1843

※ Medium Brown Sherry (F. H. Tiedeman) 23/10/1844

※ E. I. Sherry, W. I. Sherry (F. H. Tiedeman) 17/8/1843

※ Pale and Gold Sherry (A. Humphreys) 27/7/1843

※ Fine old Pale and Brown Sherry (Hughesdon, Calder & Co.) 25/5/1844

※ 100 Doz. Table Sherry (Mr. Burgess) 18/7/1846

※ Straw Colored and Golden Sherry, of 1st quality (W. H. Franklyn) 27/6/1846

※ Good Pale and Dark Sherry at $6.00 per Doz. (Holmes & Bigham) 29/12/1847

※ Fine Old Sherry at $6 doz. (J. Iness) 15/5/1850

※ Superior Pale Sherry 6.00 per dozen (John Kains) 9/7/1845

※ Sherry, from Henry Tatham, London (Geo. Lyall & Co.) 16/2/1850

※ Domecq's Sherries. A few Hogsheads and Quarter Casks - various brands...(W. Scott & Co.) 4/8/1849

※ Good, and Pure Sherries, in Bottle, at from $8 to $20 per doz.; in Wood (Octv. to Hhd.) at $27.5 per Octv., and upwards (W. Scott & Co.) 23/12/1846

※ Pale Sherry in 3 doz. cases @$9 per doz. Golden do. do. @$9 do. Brown do. do. @$8 do. (F. Funck) 20/9/1845

※ Shaw and Maxwell's fine Sherry (Franklyn & Milne) 13/11/1847

※ Superior Sherry in cases of 3 dozen, each 10 dollars per dozen (Holliday, Wise & Co.) 25/5/1844

※ Mackenzie' Sherry (Smith & Brimelow) 28/8/1850

※ Wardell & Cos, superior Old Sherry per doz. $9.00 (W. H. Franklyn) 1/1/1845

※ from the House of Perigal and Brady, Lombard Street London...Pale Sherry 3 doz. Cases @$11.50 doz. (McEwen & Co.) 31/5/1845

※ 30 Dozens Superior H P Sherry (G. F. DAVIDSON) 5/10/1843

※ Superior Pale Sherry in bottle at 8 per Dozen (39th Regiment M. N. I) 8/12/1842

※ A few Casks and Octaves of superiors Brown Light gloden and Straw Coloured Sherry just landed from the "FOAM" from London (N. Duus) 29/12/1842

※ Superfine Brown Sherry, from Peter Domecq (D. Wilson) 7/4/1842

※ Sherry of the first quality from the well known house of Messrs. J. L. Wardell & Co. London (W. H. Franklyn) 22/2/1845

※ Gledstanes, Coningham & Co., Superior Sherry in Cases of 3 dozen each. (Lindsay & Co.) 29/5/1847

※ Malaga sect. (Smith & Brimelow) 5/9/1846

※ Malaga Wine (A. L. de Encarnação) 1/9/1847

德國

※ Rhenish Wines (N. Duus) 8/6/1843

※ Hockheimer $10 (John Ritson) 6/7/1844

※ Hock (Paine, & Co.) 8/6/1843

※ Still Hock (D.Wilson & Co.) 5/10/1843

※ Hock [Graefenberg] (W. & T. Gemmell & Co.) 25/5/1844

※ Hock of the Vintage 1811 & 1822, Sparkling Moselle (Gibb, Livingston, & Co.) 5/10/1843

※ Still and sparkling Moselle (W. H. Franklyn) 2/5/1846

※ Sparkling Hock and Moselle in cases of 1 doz. (Phillips, Moore & Co.) 31/5/1845

※ Johannisberg Hock from Messrs. T. Giesler, & Co, of Rheims and Cologne (John Leathley) 27/7/1843

※ Graffenberger, Hockheimer, Geissenheimer (Rawle, Duus & Co.) 2/5/1846

※ Marcobrunner Hock of 1834, Niereusteiner, Johannisberger (Smith & Brimelow) 5/9/1846

※ Rhenisch Wines...Geisenheimer, Hockeimer, Marcobrunner, Niersteiner, Graefenberger, Braunberg Mosella (N. Duus) 31/5/1845

※ 100 Cases (each 1 Doz.) Amercian Ale in Lots (P. Townsend & Co.) 11/8/1842

※ Superior Calcutta bottled ales and porter (Fras. Dickens) 12/3/1844

※ Allsop's Calcutta bottled Beer (F. H. Tiedeman) 23/10/1844

※ Allsopp's prime ripe Beer, of first quality, Bengal Bottled (J. C. Power) 14/12/1843

※ Java Arrack in half Leaguers (Antonio Collaço) 23/2/1843

※ Java Arrack in Casks of all sizes (N. Duus) 22/6/1844

※ Batavia Arrack (F. H. Tiedeman) 29/12/1842

※ Cortaillod (J. C. Power) 14/12/1843

※ Cantinac (J. B. Pain) 24/2/1844

※ On board the American Ship Forum...Champaigne cider (N. Duus) 7/4/1842

※ Champagne Cider, in one dozen Cases (G.F.Davidson) 8/6/1843

※ Cyder (Edwd: N. Burgess) 22/7/1846

※ Gin in Cases of 15 Bottles (N. Duus) 29/12/1842

※ Gineva and Noyau in one, three and six dozen Cases. (Holliday, Wise & Co.) 26/7/1845

※ Scheidam Geneva in Cases of 1 dozen. (Holliday, Wise & Co.) 27/2/1847

※ Genuine Rotterdam Geneva, Hollands Gin in square bottles (J. C. Power) 14/12/1843

※ Gin in Boxes of 1,2,3,4 and 6 doz Cases (N. Duus) 6/7/1844

※ English and Holland's Gin (McEwen & Co.) 1/1/1845

※ Gin Scheidam in one doz. cases (Bennett, Pain & Co.) 27/4/1843

※ Geneva, in cases of 1 dozen each, from Hemery, Brothers & Co, London. (C. Markwick) 31/5/1848

※ 200 Cases of Gin, 15 Bottles each (W.H. Franklyn) 31/3/1849

※ Muidstone Gin and Old Tom in one Doz. Cases (Smith & Brimelow) 24/4/1850

※ Booths' Cordial Gin (W. & T. Gemmell & Co.) 27/10/1847

※ Hollands Gin, Booths' "Old Tom" (W. Emeny) 30/11/1850

※ Manila Gin in Cases (Drinker, Heyl & Co.) 22/1/1848

※ Very fine Old Tom (D. Wilson & Co.) 7/4/1842

※ Hollands (J. C. Power) 20/4/1844

※ Lacrimae Christi (Smith & Brimelow) 5/9/1846

※ East India Madeira (Gibb, Livingston, & Co.) 5/10/1843

※ E. I. Madeira (W. & T. Gemmell & Co.) 25/5/1844

※ A few Casks of fine Cape Madeira and Pontac just landed direct from the Cape (N. Duus) 22/2/1845

※ half pipes and quarter casks Cape and Teneriffe Wines (Rawle, Duus & Co.) 27/12/1845

※ Superior Malmsey in quarter casks (ARCH: MELVILLE) 2/5/1846

※ Maraschina in 1 doz cases (Phillips Moore & Co.) 31/5/1845

※ Maraschino Liquers (A.L. de Encarnação) 1/9/1847

※ Marsella (A. Humphreys) 27/7/1843

※ Muscatel Wine (A. Lubeck & Co.) 27/12/1851

※ Muscatel (Edwd: N. Burgess) 22/7/1846

※ Perry (Robt Lowrie) 12/3/1844

※ Old Rum in barls (John Burd & Co) 29/12/1842

※ old Manilla Rum (N. Duus) 29/12/1842

※ Manilla Rum, in Casks from 80 to 120 Gallons (N. Duus) 8/12/1842

※ 3,000 Gallons Manila Rum in Pipes (Drinker, Heyl & Co.) 27/10/1847

※ old Jamaica Rum (C. Markwick) 7/7/1842

※ 30 Casks Jamaica Rum (G. F. Davidson) 23/2/1843

※ Sarsaparilla Mead (McMurary & Co.) 31/10/1846

※ Tokay (P. Townsend) 12/3/1844

※ Vidonia in Pipes, Hogsheads and Quarter Casks from the house of Bruce & Co, Teneriffe (Kennedy, Macgregor, & Co.) 16/4/1845

※ Liqueurs consisting of Vanilla, Rose, Citronelle, Curasseau, Aniseed, Goldwater and Cherry Cordial, in cases of 2,3, and 4 doz. assorted and Maraschina in 1 doz cases (Phillips Moore & Co.) 31/5/1845

※ Scheidam, $5; Curacao, $15; Noyau, $15; in cases of one, two and three dozen each, from Messrs. Hemery Brothers, Jersey. (John Ritson) 6/7/1844

※ Noyeau and Annisette in doz Cases (N. Duus) 8/12/1842

※ Genuine Noyeau and Curaçoa (C. Markwick) 14/6/1848

※ Cherry Brandy, Cherry Cordial, Rum Shrub, Raspberry Cordial (Alfred Humphreys) 27/7/1843

※ Cherry Brandy Cognac (N. Duus) 22/6/1844

※ Peppermint Cordial (Wm. S. Heyl) 27/12/1845

※ Raspberry, and Cherry Cordials(Heerings brand)(Burd, Lange & Co.) 27/2/1847

※ Copenhagen Cherry Cordial, in Pints (John Burd & Co.) 20/4/1843

※ Copenhagen Cherry Brandy in 1 dozen cases (R. Rutherfurd) 18/3/1846

※ Raspberry Ratafia (Alexander Moss.) 14/9/1843

※ "Sickels" Wine Bitters, in 1 dozen Cases (Drinker, Heyl & Co.) 12/1/1848

※ Wine Biscuits (Smith & Brimelow) 29/5/1847

1842至1851年香港進口酒試釋

Glossary of wine & spirits marketed in Hong Kong during the period 1842-1851

一代人有一代人的愛惡，時代轉，飲酒的潮流也在變。不單今昔口味迥異，酒的樣態亦不相同。一個半世紀前在香港找到的酒，除了現代人熟悉的啤酒、葡萄酒、威士忌、冧酒、些利酒及砵酒外，還有許多大家感覺陌生的品種。雖然不少十九世紀中的酒名與產區與今日常見的相同，然而百多年間栽種和釀酒技術的改進，令現代酒的樣態、風格都大異於十九世紀的出品。

以下嘗試註釋香港開埠頭十年在市場流通的酒，每一條目都代表曾經在1842至1851年間《中國之友與香港公報》廣告上出現過的一個酒名或產區。註解之原則是用同代人的論述與角度去理解同代事物，因此只參考十九世紀中或之前的出版物，避免用現代識見判斷和理解過去。

礙於篇幅，撰寫條目時沒有將原文整段翻譯，只選要點簡述，難免掛一漏萬，輕重失衡，望讀者見諒。

本文採用的參考資料如下：

※ Cyrus Redding: *Every Man His Own Butler*. London, 1839.（在條目內以
　　EMB代表，然後列出資料引自的頁數。）

※ Cyrus Redding: *A History and Description of Modern Wines.* London: Henry G. Bohn, 1851.（在條目內以CR代表，然後列出資料引自的頁數。）

※ Marcus Lafayette Byrn: *The Complete Practical Brewer.* 1852.（在條目內以CPB代表，然後列出資料引自的頁數。）

※ Samuel Maunder: *The Scientific and Literary Treasury.* London, 1843.（在條目內以SLT代表，然後列出資料引自的頁數。）

※ Thomas Webster: *An Encyclopæaedia of Domestic Economy.* New York, 1848.（在條目內以TW代表，然後列出資料引自的段落號碼。）

※ George Adolphus Wigney: *An Elementary Dictionary, or Cyclopædiæ, for the use of Maltsters, Brewers [&c.].* 1838.（在條目內以GAW代表，然後列出資料引自的段落號碼。）

※ William H. Ford: *A Practical Treatise on Malting and Brewing: With an Historical Account of Malt Trade and Laws, deducted from forty years' experience.* 1862.（在條目內以WHF代表，然後列出資料引自的段落號碼。）

Arrack 亞或

「Arrack」一字源自東印度文，意思是烈酒。亞或可以全用米、棕櫚汁或兩者混合發酵後蒸餾而成；亦有一些亞或是用 Mowah 甜漿果汁及糖蜜（Molasses）作原料。最好的亞或產自巴塔維亞，來自馬德拉斯的也不俗，果阿邦及可倫坡製的則是最劣等貨。巴塔維亞的亞或是以米、糖蜜與棕櫚汁一同發酵再蒸餾而成的。（TW 3760-3763）

Beer 啤酒

啤酒泛指所有以麥芽及蛇麻草花釀造的酒，按成品的酒精度、味道和顏色，分成不同的類別與名字如艾爾（Ale）、餐桌啤酒（Table beer）、雙分及單分司陶特（Double and single stout）、波特（Porter）等。（GAW50）

艾爾和啤酒這兩個詞，在英國和美國意謂兩種由麥芽發酵成的酒。艾爾的顏色淺淡，入口輕爽，味甜，不苦。啤酒顏色深，味苦，入口較濃。波特以前被稱為濃啤酒（Strong beer）。釀艾爾的麥芽經極細火烘焙，因此造出的酒顏色較淡。釀啤酒或波特的麥芽都以高溫烘焙，能造出具獨特苦味的深棕色酒。由於這怡人苦味令波特對人們的健康較少傷害，隨著產量大增，漸成低下階層的慣常飲品。（CPB 44-45）

Porter 波特
非常獨特的英國啤酒，由於使用烤至極乾的棕色麥芽及較多蛇麻草花釀造，顏色較艾爾深，酒味苦澀、不甜。英國人認為波特比艾爾有益。（TW3236）

Stout 司陶特
一種較濃烈的波特，昔日被稱為棕色司陶特（Brown stout），當代用的烤麥芽令酒的顏色接近黑色。（WHF239）

Ale 艾爾
艾爾比波特甜，倫敦人釀的艾爾最濃，不同的倫敦釀酒商有各異的濃淡風格。

伯頓艾爾（Burton Ale）指在特倫特河畔伯頓（Burton upon Trent）區釀造的艾爾，以最優質的麥芽及蛇麻草花釀造，酒質濃厚，黏黏的，入口甜美怡人，是所有艾爾產區中酒精度最高的。不習慣飲的人，淺嚐一點也會醉。（TW3242-43）

Scotch Ale 蘇格蘭艾爾
蘇格蘭艾爾，尤其是愛丁堡（Edinburgh）艾爾，酒質可與不列顛出品媲美，部份最好的蘇格蘭艾爾有頗濃酒味，其風格比任何艾爾都更接近薄身法國酒。蘇格蘭艾爾的發酵緩慢，需要兩至三星期，發酵溫度比英國艾爾低。

蘇格蘭艾爾一般入口醇和，色淡，蛇麻草花味並不顯著。由於只用少量蛇麻草花，造假酒的人較難掩飾做假時用的有害物質的味道，因此蘇格蘭艾爾較少有假冒者。因為只採用少量麥芽及蛇麻草花，製成的酒不能儲存太久。優質的蘇格蘭艾爾通常都以瓶裝出售，以普雷斯頓潘斯（Preston Pans）的出品最優雅、酒味香濃。（TW3244-45）

India Pale Ale 印度淡艾爾

原先只供應印度市場的艾爾，後來亦流行於英國國內。有些醫生認為印度艾爾適合那些不宜飲普通艾爾的病人享用。為了能在暖和氣候保存，釀造印度艾爾酒時，會加入較多蛇麻草花，因此酒味比一般艾爾苦。部份酒商釀酒時並沒有增加蛇麻草花成份，只用普通艾爾混合蛇麻草花溶液。（TW3249）

Bordeaux 波爾多

梅鐸 Medoc

梅鐸是波爾多最重要之產酒區，位於吉隆河（Gironde）左岸和加斯科尼灣（Gulf of Gascony）之間，像個三角形平原，靠近吉隆河處由幾座小山分隔。當地土壤複雜，含碎石、火石、沙質、石灰質及黏土，主要種的葡萄品種有 Carbenet、Carmenet、Malbeck、Cioutat、Pied de perdrix 及 Verdot。梅鐸的生產成本比其他產區高。

優秀的梅鐸酒顏色深濃，散發紫羅蘭香氣，入口細緻舒服，開胃，酒體強勁但不易令人昏醉，飲後口腔清新。不少法國酒不能抵受長時間的運輸航程，但梅鐸酒卻往往可藉旅途改善酒質。一般梅鐸酒壽命只有 16 至 17 年，較好的酒則可多存 10 至 12 年。

波爾多酒之級別會影響酒的賣價，由於級別是由酒商決定的，酒莊會出盡辦法造出酒商通常會喜愛的風格，例如延長在木桶陳釀的時間，不會在酒釀成後匆匆賣掉。純正的梅鐸酒較薄身，酒精含量不高，不合英國人的口味。在英國買到的一級梅鐸酒，大多會加入由葡萄酒蒸餾的酒精及其他地區如 Hermitage 或西班牙 Beni Carlos 的酒。加入了其他酒的梅鐸酒會失去原來的香氣和細緻口感，酒更會出現沉澱物，為此酒商會加入鳶尾根（Orris root）去補充失去了的香氣，亦會用覆盆子拔蘭地（Raspberry brandy）調校味道。（CR164-170）

瑪歌 Margaux

瑪歌是梅鐸區內其中一個鎮，土壤以混雜火石的碎石為主，整區的酒都非常出色，最著名的酒莊是瑪歌莊（Chateau Margaux），另外還有 Rausan。在好的年份，釀出來的酒顏色深、香氣輕柔、入口優雅怡人，酒體雄渾有勁但不令人頭疼。瑪歌莊在英國廣為人識，然而市場買賣的不少是假貨。（CR 166）

聖祖利 St. Julien

聖祖利是梅鐸區第 18 個鎮，酒質遠遜於瑪歌，但酒味獨特，有別於其他梅鐸酒，在木桶陳釀五至六年便會達佳釀水準。聖祖利的代表酒莊有 La Rose、Leoville。（CR 166）

聖朗拔 St. Lambert

梅鐸區第 19 個鎮，這兒最著名的酒莊是拉圖莊（Chateau Latour），賣價接近瑪歌及拉菲，酒質比拉菲更豐盈及穩定，但不夠拉菲細緻。拉圖比拉菲在木桶陳釀的時間多一年。遇上好年份，英國人會把拉圖莊搶購一空。（CR166-7）

玻益 Pauillac

是梅鐸區其中一個名鎮，出產的酒酒體活潑，香氣豐富，區內的拉菲莊（Chateau Lafitte）品質超卓。拉菲的酒體比拉圖輕，可於較年輕時享用。玻益區內的 Mouton 和 Branne-Mouton 亦甚有名，品質較遜於拉圖但產量略高。英國人差不多把所有玻益酒和拉菲莊全買掉。（CR167）

聖埃斯特夫 St. Estèphe

梅鐸區其中一個鎮，出產的酒比其他梅鐸酒薄身，但香濃可口。聖埃斯特夫跟聖祖利一樣，通常在木桶陳釀三年才入瓶。（CR167）

波爾多白酒

吉隆河區出產的白酒沒有其紅酒般豐富，最出色的白酒產區是 Graves、Barsac、Preignac、Cérons、Podensac、Virelade、Illats、Landiras、Pujols 和 St. Croix du Mont。Graves 主要生產不甜的酒。不少英國人喜愛巴剎（Barsac），當中最好的是 Coutet 莊及 Filhot 莊。（CR171）

Brandy 拔蘭地

只有用葡萄酒蒸餾成的烈酒才可稱為拔蘭地，但以其他物質發酵、蒸餾成的烈酒也常常會被誤稱。拔蘭地含有葡萄酒酒精、水份和蒸餾時溶於酒精的葡萄精油。釀製優質干邑拔蘭地時，主要採用極淡色白葡萄酒，並只用温火蒸餾，避免抽取出過量葡萄精油。

普通的法國拔蘭地——或稱為生命之水（Eau-de-vie），是用深色白葡萄酒或淺色紅酒蒸餾而成。以白葡萄酒蒸餾成的拔蘭地較柔順。法國拔蘭地生產商會加入大麥酒精或其他酒精與葡萄酒一同蒸餾。

拔蘭地的顏色與味道是沒有關聯的，英國人普遍誤解了所有外國拔蘭地都應該是黃棕色，是以不少英法商人會將添色物質加入拔蘭地調深酒色，例如洋蘇木（Logwood）、番紅花（Saffron）、棕兒茶（Terra japonica），最多用的是糖漿、焦糖和橡木碎。

除了以葡萄酒作原料，法國亦有一些拔蘭地是由水果、蜜糖、糖蜜、粟米、薯仔、紅菜頭等高糖分物質蒸餾出酒精，然後加入少量最好的拔蘭地製成的，此類酒並不獲英國海關認可為拔蘭地。

最好的法國拔蘭地都是沒有顏色，清透如水，以玻璃或瓷樽裝瓶。（TW 3724-3731）

British Brandy 英國拔蘭地

用大麥酒酒精、礦物酸和各種香劑調配出來的拔蘭地仿冒品。（TW 3734）

Burgundy 勃艮第

勃艮第產酒區由黃金丘（Côte d'Or）、索恩羅亞爾（Saone et Loire）及伊昂（Yonne）省組成，種植地集中在緯度46至48度，年產約212,579,800升，其中100萬升於本區被飲掉，餘下的銷往法國其他省份及國外。黃金丘有25,351頃種植地，年產57,825,200升酒；索恩羅亞爾30,708頃，年產66,094,200升酒；伊昂33,630頃，年產88,660,400升酒。

勃艮第以黃金丘最著名，由連綿的石灰質山丘帶組成，東北端起自第戎，往西南延伸至索恩羅亞爾，當中包含部份第戎和整個布蒙鎮

（Beaune），葡萄種植地有向東面、南面及東南面的。

有別於香檳，最優秀的勃艮第酒並不外銷，原因是產量稀少，極級酒如羅曼尼康帝（Romanee Conti）甚至不能滿足巴黎市場之需求。法國人把最好的勃艮第酒都留給自己國民享用，只讓較次級酒出口，反正外國人大多不懂分辨品質高下。最好的勃艮第酒只會以瓶子盛載，法國人認為就算極短的貨運旅程亦會損壞勃艮第佳釀的細緻酒質。

產自孚汪（Vosne）村內的羅曼尼康帝葡萄園的酒，是公認為最完美的勃艮第酒。羅曼尼康帝佔地兩頃，享東南日照，鄰近的園地 Romanee St. Vivant、Richebourg、La Tache 亦極有名。

瑞維（Gevrey）村內所產的尚碧丹（Chambertin）紅酒及白酒，入口感覺豐盈，香氣絕佳，陳年能力高，是拿破崙的愛酒。優秀的尚碧丹只可以在法國境內找到，並不出口。尚碧丹亦產汽酒，但酒質遠遜香檳，欠缺細緻香氣，法國人不太喜歡其偏高的酒精度，英國人卻愛，倫敦是主要尚碧丹汽酒的出口市場。

夢夏雪（Mont-Rachet）是最完美的勃艮第白酒，有些人更認為她是全法國最好的白酒。

勃艮第有許多不同風格的酒，英國人沒可能完全理解。英國人飲酒時，通常只追求酒精感覺多於精緻酒質。（CR 117-132）

Cape of Good Hope 好望角酒

好望角的葡萄都是源自歐洲，荷蘭人於1650年間最先在好望角種植葡萄。在廢除《南特詔令》（*Édit de Nantes*）後，不少法國移民聚居在與世隔絕的法蘭斯霍克（Franschhoek）河谷並開始種植葡萄，他們的後人都成了好望角主要的葡萄農。

好望角酒品質參差，原因是大家沒有用心尋找最合適的栽植地，再者，當地人的釀酒技術並不高，例如沒有先作分類挑選，就把不同成熟狀態的葡萄全投進發酵桶。

在英國找到的好望角酒大多是平價酒，品質遠差於在原產地能享用到的酒。英國人利用廉宜的好望角酒，打擊其他外國進口酒的生意。

好望角酒產自開普敦城附近，那兒的氣候極有利於栽種葡萄。在開普敦與薩爾達尼亞灣（Saldanha Bay）之間的康士坦提（Constantia），其出產的紅酒和白酒都甚有名，兩者都是甜酒，尤以甜紅酒最受歡迎。康士坦提的種植地面積不大，所處山坡不太斜，土壤為砂礫性質，種的是西班牙的 Muscadine 葡萄。（CR 313-316）

Champagne / Champaigne 香檳

勃艮第酒在 1328 年間的售價大約是香檳的 2.8 倍，到 1559 年間，雖然勃艮第售價仍較高，但其名氣卻已被香檳蓋過。香檳在 1610 年路易十三的加冕禮後開始奠定其尊貴形象，售價進一步攀升。在 1652 年間，一些法國醫生認為飲香檳會導致痛風，爭論至 1778 年才告一段落。

在 1836 年，法國出口了 467,000 瓶香檳往英國及東印度、479,000 瓶往德國、400,000 瓶往美國、280,000 瓶往俄國、30,000 瓶往瑞典和丹麥，而法國人則飲了 626,000 瓶。

種在香檳區的葡萄有黑葡萄 Pinet 及紅與白的 Pineau。

香檳可分類為有汽（Mousseux）、微汽（Crêmans/ Demi-mousseux）及不帶汽（Non-mousseux），平均酒精度為12.61%，酒的顏色有白、稻草、灰、玫瑰紅及紅。在1832年，香檳總產量為48,000,000升，其中5,000,000升有汽或不帶汽的白香檳，31,000,000升普通紅香檳及12,000,000升優質紅香檳。

最好的紅香檳酒大多銷往比利時及萊茵河區的城市，有汽的則遍銷各地。英國人大多只認識有汽香檳，尤其偏好高酒精度及多氣泡的品種。

最優秀的香檳應該只有輕微氣泡，飲前宜先將之冰凍，以減慢氣泡上升速度。無論是有汽或不帶汽，酒質會在裝瓶後第三年達至完美。

在漢斯區（Rheims）內的斯拉爾（Sillery）種植地是向東的，其靜態白香檳酒體豐盈，不甜，呈琥珀色，酒精度比有汽香檳略高，製造時在木桶陳釀了三年，陳年能力是所有香檳之冠。最好的叫皇帝酒（Vin du roi），極受外國顧客追捧。

最好的有汽香檳產自馬恩河（Marne）沿岸向南的斜坡種植地，其土壤含石灰質，泥土上層混有石頭，葡萄樹都種得非常密。在這地帶最優秀的產區是雅伊（Ay），年產432,000升紅酒、339,200升白酒，白的售價比紅的貴一倍多。雅伊酒酒體輕柔，細緻，可陳年。

埃佩彌（Epernay）的紅酒及白酒均較漢斯的遜色。鄰近埃佩彌的皮耶維（Pierry）以釀造無氣泡、高酒精度、不甜的白酒見稱，酒亦有極高之陳年能力。（CR95-102）

香檳是法國最為人所知的酒及酒區，大部份英國人只知香檳是清爽的有汽白酒，其實香檳亦有紅酒，而且都可以是靜態或帶汽。有汽香檳酒味細緻，所含的碳酸汽帶來怡人活潑的感受，極受英國人歡迎。最好的香檳來自馬恩河左岸的斜坡，土壤含石灰質，主要產白酒。

漢斯以南五里處的雅伊，盛產最好的有汽香檳，具菠蘿的芬芳香氣。雅伊地區歷史悠久，法王弗朗索雅一世、教宗利奧十世、西班牙國王查理五世和英王亨利八世，都曾在此擁有種植地並僱用專人打理。大部份雅伊香檳都銷往巴黎和英國。

最好的靜態香檳白酒來自斯拉爾，酒精度比有汽香檳強勁，可陳年，差不多全銷往巴黎及英國。優秀的靜態香檳紅酒產自漢斯附近的聖締尼圍（Clos de St. Thierry），小部份酒質接近勃艮第，在英國不常見。

製造有汽香檳有一定的難度及不確實性，需要較高釀酒技術。香檳通常以瓶裝發售，裝瓶時的瓶子破裂率約為 10% 至 20%。

許多人選擇香檳時，認為氣泡量的多寡反映香檳的品質。事實上，香檳的芬芳香氣會隨氣泡揮發掉，因此含適中氣泡量的香檳才最理想。享用香檳時宜先稍為冰凍，以減慢香檳氣泡的動力。

香檳含大量碳酸汽，酒精又處於游離狀態，極快令人飲醉。（TW 3338-40）

Claret

英國人叫的 Claret 源自法文 Clairet，指的是用酒精混合 Beni Carlos、Hermitage、Languedoc、Alicant 或波爾多酒而成的酒。（CR173-174）

Claret 由法文 Clairet 一字演變而來，指任何紅酒或桃紅酒（Rose）。純正的 Claret 並不存在，英國市場找到的 Claret，一般以多種波爾多產區的酒混合而成，也可能摻雜波爾多以外的酒。（TW 3342）

Cider 蘋果酒

由蘋果汁發酵而成的酒，風格有甜或不甜。法文 Cidre 來自拉丁文 Sicera，泛指並非以葡萄釀的酒。蘋果酒是由西班牙的摩爾人引進法國諾曼第，再傳進英國。諾曼第出產的蘋果及蘋果酒，品質最佳，英國的禧福郡（Herefordshire）、德文郡（Devonshire）及鄰近地方釀的蘋果酒同樣出色。（TW 3580）

Cordial 甘露酒

任何能夠刺激身體系統，振奮精神，迅速增強體力並令人愉快的藥品。（SLT 165）

Frontignan 芳締翁

法國地中海沿岸，氣候和暖，葡萄生長茂盛，朗格多克（Languedoc）和魯西雍（Roussillon）出產的紅酒多銷往波爾多，作混合的低質素波爾多酒供出口用。此區亦出產不少用 Muscadine 造的酒體豐盈的甜酒 Muscatel，傑出產區有 Frontignan、Lunel 和 Rivesaltes。（TW 3344-46）

Geneva/ Gin 氈酒

Geneva 一字源出法文 Genièvre，意謂杜松子果。杜松子樹廣植於歐洲，整棵樹都有用，其果實呈圓形，黑紫色，內含有能溶於酒精的油份，釀酒時須先經壓破。十七世紀一名住在萊頓（Leyden）的教授發現在製造蒸餾酒時，假如在基酒發酵的階段加入杜松子果，得來的酒會有宜人香氣，亦增添了醫療效能。杜松子酒最初只在藥店當利尿劑出售，後來人們將它作為烈酒飲用，漸成潮流。

氈酒以荷蘭出品最聞名，尤其是產自斯希丹（Schiedam）、台夫特（Delft）、鹿特丹（Rotterdam）、多德雷赫特（Dordrecht）及威索柏（Weesoppe）。

英國氈酒（English Geneva）大多以廉價松節油和粟米發酵，然後蒸餾成酒，只有少數生產商在製酒時加入杜松子果。（TW3787-3792）

Hermitage 埃美達殊

埃美達殊是隆河（Rhone）左岸華朗斯（Valence）的坦恩（Tain）山上一塊斜坡葡萄園地，享向南日照，土壤底層為花崗岩，混有沙和石灰質小石。

埃美達殊紅酒的顏色是所有法國酒中最深的一種，釀造用的葡萄是Shiraz，分五個級別，最高級的要在木桶陳釀四至五年才裝瓶發售。品質差的酒都運銷其他地方供混配用。

只用白葡萄釀造的埃美達殊白酒，顏色呈稻草黃，香味獨一無二，味道豐富，介乎乾白與甜酒之間，是法國最好的白酒。白埃美達殊的發酵時間可長達兩年，酒通常在完成發酵後才發售。白埃美達殊比紅的更能陳年，有些白酒甚至可陳年一世紀。埃美達殊在陳年25或30年後，香氣和味道會改變，有點西班牙舊酒風味。埃美達殊白酒有三個級別，第一級是最高級，甚少出口。在海外市場，第二級常被當作一級酒，極受追捧。（CR 134-137）

Lacryma Christi 耶穌之淚

意大利的氣候極適宜栽種葡萄，然而其出產的酒卻未達應有的水平，全供內銷用。英國人輸入了意大利的蠶絲及油，可是對意大利酒卻興趣不大。

意大利人的釀酒技術比不上法國和西班牙，其優質酒多是產自拿坡里，當中最著名的是產量極少的「耶穌之淚」。耶穌之淚的酒體豐盈甜美，味道獨特，顏色是紅的。釀造耶穌之淚所用之葡萄都種在火山岩土壤。維蘇威附近出產不少質量較差的耶穌之淚，常被充作優質品出口。（CR268, 274）

Liqueur 利口酒

泛指各類可口怡人的酒精飲品，因著浸酒用的物料，發展成不同性質及名稱的酒。Noyau 和 Anise-water 是簡單的利口酒；Curaçoa 及 Anisette 含較多糖份及酒精；Maraschino 是極醇美的利口酒。（SLT 427）

Madeira 馬德拉酒

早在 1460 年以前，馬德拉島已有酒出口。大家仍未能確定葡萄何時被引入馬德拉島，但最早出現的品種極可能是自西班牙或葡萄牙引入的 Malvaisa。島上有許多適合種植葡萄之火山質土壤，種植地多在非常斜的山坡，表層土壤呈淡紅色。最好的土壤混有非常輕的紅及黃色凝灰岩、黏土及火山灰燼。生長的葡萄有許多種，如 Malvasia、Pergola、Tinta、Bastardo、Muscatel、Vidogna、Verdelho 等。葡萄田大多夾雜其他農作物。

Malvasia 或稱 Malmsey，是最優秀的葡萄，釀出來的酒酒體豐盈，有益健康，有不同品質級別。酒商會把不同地區種的葡萄，按不同市場口味調混，供皇室專用的甚少出口至英國。最好的葡萄產自島的南面，賣價比北部貴三倍。

馬德拉島亦有生產紅酒，新釀成的紅酒入口像勃艮第，而且更柔順，宜在兩至三年內享用，過了這時期後顏色會轉淡，味道亦有改變。

馬德拉在極熱或極冷的地區如印度和加拿大同樣表現出色，運往英國的馬德拉酒是用 92、46 及 23 加侖的酒桶盛載。馬德拉適合陳年，20 年可達高峰，最好的出品只會加入少量拔蘭地，較差的級別則混有杏仁及其他物質，以模仿高級酒的味道。

馬德拉需要在原島上陳釀，不然可藉運往氣候較暖的地區，途中酒內的糖份會分解，令酒質改變得更好。有酒農會用火爐使酒熟成與純化，火爐溫度保持在華氏 80 至 90 度，此舉可令酒有六年陳年的效果。運酒時取道東印度及西印度群島，亦可達到相近的陳年效果。（CR262-267）

馬德拉島的土壤源於火山溶岩，極有利葡萄生長，加上氣候和暖，葡萄產量豐富。1421 年起葡萄牙人在島上聚居，開始栽植葡萄供造酒。馬德拉酒於十八世紀中經西印度進入英國市場。

馬德拉島生產多種葡萄酒，最好的是一款名為 Sercial 的紅酒，以類似 Malvasia 的葡萄釀造，產量低，只幾處地方能出產。新釀成時味道粗烈，須經陳年純化。

英國人最熟悉的馬德拉酒是一種白酒，產量高，酒精度高，不甜，味道細緻，可藉陳年純化，如非假貨，是世上最豐盈的酒。此酒能抵受不同氣候，經長程航運後，酒質更會大大提升，是以不少銷往歐洲的馬德拉都會特意取道西印度群島及東印度群島進入。但事實上，並非所有經過西印度群島進來的馬德拉都是好酒，因為不少劣酒都是經西印度群島進入歐洲的。近年酒商發現如把酒加熱並攪動，酒質會如經過海洋運輸般改進。現在酒商都會在馬德拉島上用火爐把酒加熱至90度。

馬德拉酒本身含極高酒精度，不用加拔蘭地，但酒商都習慣在出口時，加少許拔蘭地。次級的馬德拉酒一般都會加入杏仁及其他物質。

馬德拉酒不須存放在清涼的地底酒窖，只要放在房子較暖處便可。（TW 3372-3378）

Malaga 馬拉加

馬拉加是西班牙的一個臨海產酒區，釀酒歷史悠久，因葡萄遍植山上，其酒被稱為山酒（Mountain）。馬拉加主要用 Muscatel 及 Pedro Ximenes 葡萄釀造，風格有甜及不甜，有些酒農在釀酒時會加入煮沸過的酒增加風味。這裡有一種品質較平庸的白酒類，入口像低價些利酒，常被充作些利酒出口，主要銷往美國。（CR 200-201）

英國人稱馬拉加酒為山酒，有甜及不甜風格，甜的用完全成熟的葡萄釀造，真貨極受推崇；不甜的用不太成熟的葡萄釀造，酒味芬芳，可供陳年。馬拉加亦有生產些利酒，品質遜於 Xeres，價亦廉宜些。（TW 3369）

Malmsey

Malmsey 一字由 Malvasia 演變而來，後者源出莫維雅島（Morea）上出產的 Napoli de Malvasia 甜酒。土耳其人攻克莫維雅後，摧毀一切造酒設備，莫維雅不再產這種酒，只有干地亞（Candia）仍繼續生產。今天，Malmsey 泛指任何豐盈的甜酒。（TW 3393）

馬德拉島上有一種用 Malvasia 葡萄造的 Malmsey 酒，釀酒用的葡萄要待成熟一個月後，部份果粒的水份乾縮才採摘。當茶還未在英國流行時，英國人愛在吃完含肉類的早餐後飲 Malmsey，現在英國甚少進口這種酒。（TW 3376）

Maraschino 馬拉斯奇諾／櫻桃酒

達爾馬提亞（Dalmatia）首都扎拉（Zara）是馬拉斯奇諾櫻桃酒的主要產地。造酒用的是瑪拉斯卡黑櫻桃（Marasca）。扎拉的櫻桃酒比其他地區都要出名，令扎拉像波爾多般廣為人識。

達爾馬提亞約有 12 家馬拉斯奇諾櫻桃酒酒商，最有名的是 Drioli、Luxardo、Kreglianovich。Drioli 是本地人公認最好的一家。Luxardo 出品亦佳，而且銷量非常高。Kreglianovich 的品質非常好，價錢適中。西西里人喜愛較薄身及甜的櫻桃酒，英國、荷蘭及俄國人則愛高酒精、酒體豐盈的類型。
（節錄自 1849 年 7 月 26 日《中國郵報》的轉載文章 *Paton's Highlands and Islands of the Adriatic*）

Perry 梨酒

像製造蘋果酒，將梨汁發酵成酒。（SLT 564）

Port 砵酒

英國酒商要求砵酒必須有好顏色、具果味而且入口柔順。葡萄農為了能把酒賣個好價錢，都盡力迎合酒商要求，例如用人工方法調校酒的顏色、令酒變得更甜、提高酒精度。葡萄農並非在專心耕種，只是在製造最應市的酒。葡萄牙人指責英國酒商在葡萄牙用自己的方法造酒，令不少本地葡萄農無心造酒，一伙兒參考旅館顧客及平民百姓的口味，製作高酒精度的酒。

過去30年，英國人越來越少飲砵酒，現在除了伴吃芝士，砵酒甚少在講究的餐宴桌上出現，優秀的砵酒不易得。

葡萄牙有67種葡萄，產量最高的是 Donzelinho 及 Alvarelhão，是細小果粒的黑葡萄，釀出來的酒顏色淺，能耐存。用 Souzão 葡萄釀的酒，顏色較深，酒質粗澀。最好的葡萄是 Bastardo，果粒細小，皮黑。（CR245-247）

在1688年光榮革命前，英國每年輸入法國、葡萄牙、西班牙及意大利酒，其中進口量最高的是法國酒。1689年英法交戰，法國酒供應短缺，酒商轉而增加輸入英國人甚少飲的葡萄牙酒作替代。1703年英國與葡萄牙簽訂《梅休恩條約》（*Methuen Treaty*），英國為爭取葡萄牙羊毛市場的龍頭地位，給予葡萄牙酒關稅優惠，令輸入法國酒的人要比輸入葡萄牙酒的人多付 ⅓ 關稅，刺激葡萄牙酒在英國的銷路，加速葡萄牙酒業發展，葡萄種植地由傳統的里斯本及其鄰近地方擴展至杜羅河區（Douro）。

葡萄牙有 40 多種釀酒葡萄，造砵酒用的主要是 Uvo Bostardo，果粒細而圓，大小如英國黑刺李，外皮粗厚，緊貼成串，果汁本身無顏色，酒的苦澀及深紅酒色來自葡萄皮及梗，皮越厚色越深。最初運銷往英國的葡萄牙酒並沒有加拔蘭地，簽訂《梅休恩條約》後，酒商漸漸相信拔蘭地有助保存葡萄，於是陸續把拔蘭地加進葡萄酒。由於酒商認為英國人偏喜深色酒，大家都以不同物料去調深酒色。

剛運到英國的砵酒都呈深紫或墨汁顏色，入口粗澀，略帶甜，酒精強勁，帶拔蘭地香味。經木桶貯存陳年後，甜和苦澀的感覺會柔順下來。經入瓶後再貯存幾年的砵酒，拔蘭地味會消失，酒的真實香味逐漸呈現。白砵酒的釀造方法及味道均接近紅砵酒，只是葡萄汁發酵時沒有加入葡萄渣、葡萄皮及梗。白砵酒主要在葡萄牙境內飲用，或用來蒸餾生產拔蘭地。（TW3359-3365）

Ratafia 嘩他菲亞

用糖和高酒精度烈酒浸泡水果汁及果仁而成的利口酒，主要用於焗製布甸和批，令味道更香。（TW3800）

Rheinish Wine 萊茵河酒

萊茵河酒入口細緻，香味優雅，風格獨特，酒精含量較低，由於已經完全發酵，酒可陳年並改善酒質。萊茵河酒一般比法國酒酸，當中較薄身的品種，風格近似格拉夫酒（Graves）。

最好的酒都會在木桶發酵，藉此保留細緻香氣，釀成的酒會貯藏於大木桶陳年，海德堡（Heidelberg）的大木桶最廣為人知。有些大木桶存放了歷經幾個世紀的酒，每次從桶取出酒後，酒農便會倒入新酒，確保木桶內不會有剩餘空間。陳釀酒體較幼細、不太豐盈的酒時，小木桶會更合適。以往，當有嬰兒出生時，德國人會將酒放進陶製器皿，然後埋在地下，直到孩子結婚時才取出享用。

摩塞爾（Moselle）酒與萊茵河酒有相似處，雖然摩塞爾酒質較差，但也常被歸類為萊茵河酒。不少優秀的摩塞爾酒在英國都賣得不貴，英國人近年都愛嗜，尤好夏天冰凍飲之。（TW3350-3351）

德國人愛嗜葡萄酒，亦用心造酒，國內適合栽種葡萄的地方都種了葡萄，種植地亦很美麗，有些在斜坡，有些鄰近古老村莊和城堡。德國人認為產自越高地區的酒品質越佳，低地產的酒品質最差，後者需要陳年使酒質變得柔順。

皮白、果粒細的雷司令（Riesling）是德國主要的葡萄品種，果實入口酸澀，但在炎熱氣候成長的雷司令卻能釀出香味細緻的酒。其他的德國葡萄品種有 Traminer、易熟的 Kleinberger 和適合在石質土壤種植的 Orleans。

德國人用大量肥料灌溉，法國人卻認為此舉對葡萄樹極為有害。收成時，德國葡萄農會等待果實完全成熟透，甚至過熟但又未變壞時才採摘，採摘時會細心除去枝梗和壞的果實。用作釀優質酒的葡萄汁在木桶發酵成酒並經多次換桶後，會放在250加侖容量的大木桶陳釀，慢慢提升酒質。最廣為人知的大酒桶放在海德堡，桶長31呎、高21呎、容量達 600 hogshead。

德國酒風格獨特，平均酒精含量12.08度，酒體豐盈，酸度比法國的高，越陳年酒質越好。在往昔，一些講究的德國人只會飲陳年了50年的酒，享用時會用薄如紙的綠色酒杯。

美茵河（Maine）河畔小鎮霍赫海姆（Hochheim）被葡萄耕地包圍，出產的酒都被稱作 Hock。霍赫海姆的葡萄耕地位處小山上，不受北風影響，而且又沒有林木阻隔，長出的葡萄都能獲得充足陽光。上佳的霍赫海姆種植地只有八畝面積。在英國，Hock 亦泛指德國酒。

萊茵河的紅酒品質遠遜於白酒；此區亦出產少量汽酒，用的是較差的葡萄，品質不高。

萊茵河以東的萊茵高（Rheingau）曾經屬教會擁有，出產優秀葡萄，區內的約翰山堡（Johannisberg）酒產量不高，曾被推崇為最好的萊茵河酒。

Graefenberg 耕地曾為教會擁有，此區生產的酒酒質極高，售價高。

Marcobrunner 酒精度較高，味道細緻，產自溫暖年份的酒，品質更勝一籌。

摩塞爾區的酒比萊茵河及美茵河酒薄身，味道較次，陳年力較差，產量高，部份出品的酒質近似法國酒。英國人喜愛摩塞爾酒，認為對輕微發燒者有益。（CR 217-223）

Rum 冧酒

以製造蔗糖時剩下來的含糖蜜的汁液，經發酵及蒸餾成的烈酒，盛產於牙買加、巴巴多斯、安地卡等西印度島嶼，尤以牙買加的出品最好。優質的冧酒呈透明棕色，入口柔順，具油潤感，酒精感覺強勁持久。而酒色明亮，入口苦烈的冧酒，可能是新釀或加進了其他酒精。法國有一種以紅菜頭製糖後剩餘的汁液造成的冧酒。（TW3738-3742）

Sherry 些利酒

些利酒指的是 Xeres、Teneriffe 及類似風格的酒，主要產自西班牙瓜達幾維（Guadalquiver）及瓜達萊特河（Guadalete）之間的安達魯西亞（Andalucia）。釀造些利酒的葡萄種在一個狀似三角形的地帶，每邊長12哩，土壤成份包含石灰質、黏土及沙粒等。在這三角形地帶東面有一小鎮，名為赫雷斯德拉弗特拉（Xeres de la Frontera），當地產的酒名為赫雷斯（Xeres），後來被用作統稱此地區的酒。英國人首先將 Xeres改以 Sherries 或 Sherry 喚之。葡萄品種以白的 Pedro Ximenez 為主，此外有 Paxarete、Temprana、Tintilla。葡萄都種在斜坡，當中供應英國市場的種植地佔八萬畝。採收葡萄後，農人會把葡萄放在蓆上曬一至兩天，然後按葡萄品質分類，供釀造不同級別的些利酒。些利酒基本上是淡顏色的，經陳年後，顏色會轉深。亦有酒商會混入經煮過的濃葡萄汁，調校酒的顏色。些利酒的生產大多被外國酒商操控。

Amortillado 產量低，釀酒的葡萄比其他葡萄早二至三星期收成，葡萄汁會經兩個月或更長時間發酵，成酒後會存放在 Xeres 或 Port St. Mary區的地面倉庫陳釀，小部份陳釀的酒會發展成 Amortillado，箇中成因連造酒人也不知曉。一般些利比 Amortillado 甜，優秀的 Amortillado有14度酒精含量，不會加拔蘭地，在英國市面找到的酒精18至20度的 Amortillado，都是酒商加了拔蘭地的普通些利或甚至是仿冒品。（CR203-205）

採收釀酒用的葡萄時，果農會讓陽光把早已成熟了的葡萄曬至稍為收縮才採摘，摘下葡萄後更讓其多曬48小時，並灑生石灰於其上中和酸度，並使果皮柔軟以便壓汁。將葡萄壓汁時會灑拔蘭地，壓出來的汁亦會加入拔蘭地，然後進行發酵，成酒後入桶陳釀時再加拔蘭地。

些利一般呈琥珀色，好的些利香氣優雅，具怡人的桃仁苦味。新釀成時，酒體粗烈，須經四至五年於木桶純化。大多數酒商不會把最舊及最優質的些利存貨全部賣掉，而會留起來，混進他們可以賣得更高價的酒。些利在英國頗流行，原因是大家普遍認為些利的酸度比其他酒低，然而曾經有實驗證明，最好的馬德拉及体酒的酸度同樣低。

淡色及棕色些利都是採用相同的葡萄釀造，棕色色素來自些利內含的被煮至深色的平價葡萄汁或葡萄酒。淡色些利曾經在英國頗流行，原由是人們認為淡色些利較純淨，但現今潮流逐漸轉向深棕色些利。不少在英國找到的劣質些利，都是酒商用廉價薄身葡萄酒混拔蘭地和些利而成。（TW 3367-3368）

Spanish Wine 西班牙酒

西班牙的氣候比法國更有利於種植葡萄，法國人的造酒技藝卻勝一籌。西班牙的主要產酒區是 La Mancha、Catalonia、Valencia、Alicant、Arragon、Navarre、Granada、Andalusia、Malaga、Xeres。栽種葡萄的地方多屬石灰質土壤，本地人稱 Albariza，成份中約 ⅔ 至 ¾ 為碳酸鈣。種植地有充足陽光，不用擔心惡劣寒氣與濕度的影響，耕作及採收時甚少發生問題。在盛夏，較南地區可能需要多灌溉。（CR 194-202）

西班牙氣候和暖，土壤優秀，極宜出產葡萄酒。一般西班牙紅酒較遜色於法國酒，然而乾身白酒卻非常出色，其甜酒不但極受本地人喜愛，亦曾在英國流行過。由於產量豐富，西班牙不太著意葡萄酒的貯藏細節，大部份酒都是盛載在山羊皮袋，酒有一股外國人不容易接受的味道。羊皮袋不但比木桶及酒瓶廉宜，而且更適合在狀態差的路上運送。（TW 3366）

Vidonia

特內里費（Tenerife）是西班牙各個出產酒的小島中最出色的一個，所產之 Vidonia 酒，味不甜，像馬德拉酒。特內里費的 Malmsey 酒質極高，然而普通的特內里費酒品質並不高，在往昔，英國人統稱這些酒和些利、馬德拉為 Sack。（TW 3381）

Vidonia 是一種英國人非常熟悉的特內里費酒，在英國常被加入糖和苦杏仁用作仿冒馬德拉。真正的 Vidonia 可口怡人，價錢合理。近年英國人少飲了 Vidonia，其地位被 Marsala 取代，正如少飲了馬德拉，被些利取替。（EMB 29）

Tokay 托卡爾

匈牙利出口的酒款式並不多，然而卻聞名於世。匈牙利人喜歡本地酒，政府亦鼓勵人民種葡萄，國家栽種了 60 種葡萄，能造出 30 種不同風格的酒，葡萄農講究釀酒過程要絕對清潔。最著名的匈牙利酒是被譽為酒中之皇的托卡爾（Tokay），自十七世紀中成為時尚，自此名氣越來越大。托卡爾產自托卡爾東北面 20 里的 Hegyallya 山區，栽植的葡萄果粒非常大而且甜，釀造托卡爾的葡萄叫藍匈牙利（Hungarian Blue），果農會等待葡萄成熟透並接近葡萄乾狀態才逐粒採摘。托卡爾酒的顏色由焦茶色和赭石色構成，香味濃郁，酒體黏稠，呈油性，入口柔順，味濃，一試難忘。飲托卡爾時宜選已陳年三年的酒。真正的托卡爾酒甚少以木桶裝運出口，多以容量不超過一英國品脫的小瓶盛載，入瓶後會加一些油在酒表面，酒亦不會注滿瓶。托卡爾能長久貯存。最好的托卡爾叫 Tokay Ausbruch，意思為糖漿的泡沫，釀酒葡萄是 Formint 及 Hars-levilii。（CR 282-287）

由純麥芽，或麥芽與大麥，或麥芽與粟米發酵成的酒蒸餾出來的烈酒。（TW 3749）

十九世紀四十年代香港洋酒買賣的度量衡

Measurement units of wine & spirits trading in 1840's Hong Kong

今天大家談酒時，腦海裡會自然浮現 0.75 公升的玻璃酒瓶。公升化與瓶裝化的葡萄酒度量衡似是理所當然，然而在十九世紀中的香港卻是另一番景緻。

出現在十九世紀四十年代香港的酒，均以木桶或瓶子盛裝，廣告談及瓶裝時，描述語可以是 In bottle/ Bottled，部份廣告會列明酒瓶容量的單位，例如品脫（Pint）。廣告裡對木桶的描述語較酒瓶多，常見的有 Wood 與 Cask，意思同為「以木桶盛裝」，然而並不直接指謂固定的容量。有些賣家會註明容量單位如 Hogshead、Gallon。許多時，不同的度量衡單位會共存於同一段廣告內，例如 N. Duus 在 1844 年 5 月 25 日的廣告中待售的冧酒、拔蘭地、些利、馬德拉、甌酒，分別用了 Cask、Hogshead、Butt、Wood、Box 等容量單位。

以下簡表摘錄出現於十九世紀四十年代《中國之友與香港公報》賣酒廣告內的容量單位及例子：

度量衡單位及 英制加侖換算*	例子（引文後是廣告刊登日期及刊登者）
Glass 瓶	"Sherry Wine in wood and glass" 28/4/1842 C. V. Gillespie
Bottle 瓶	"Superior Old Port, Sherry and Madeira in Bottle" 22/2/1845 N. Duus 'Allsops' Pale Ale Bottled by Barclay & Friend, London." 31/3/1847 Holmes & Bigham
Wood 木桶	"Port, Sherry, Madeira, Raspberry Ratafia, Brandy in wood and bottle" 14/9/1843 Alexander Moss "Saunders Pale October brewed ale in Wood" 30/8/1845 Robert Strachan
Barrel/ Barls 木桶	"Old Rum in barls." 29/12/1842 John Burd & Co. "Old Rum, in barrels." 23/2/1843 John Burd & Co.
Cask 木桶	"Manilla Rum, in Casks from 80 to 120 Gallons" 8/12/1842 J. W. Bennett "Manilla Rum, Java Arrack, English Brandy, in casks of all sizes" 20/4/1843 N. Duus "Claret in cask" 8/6/1843 P. Townsend "Sherry in quarter casks and cases" 15/6/1843 Abrahams, & Co. "quarter casks Cape and Teneriffe Wines" 27/12/1845 Rawle, Duus & Co. "4 Qr. Casks Madeira" 23/2/1843 G.F. Davidson
Hogshead/ Hhds 豬頭桶 = 52½ 加侖	"a few Hogsheads Superior Dark Colored Brandy" 14/3/1846 McEwen & Co. "Pale Burton Ale in Hogsheads @$26" 31/10/1846 Franklyn & Milne "Hodgson's Pale Ale in Hhds" 23/10/1844 C. Markwick
Pipe= 105 加侖 用作盛載不同 酒類的 pipe 桶 容量有差別， 如載些利的桶 比載馬德拉的 桶略大。	"Madeira in Pipes from house of Scott, Penfold & Co., Madeira" 23 /10 /1844 Bell & Co. "Superior Dark and Pale Brandy, in half Pipes" 12/1/1848 Drinker, Heyl & Co.

Octave=⅛ Pipe	"Old Sherry in ¼ Casks and octaves" 22/2/1845 N. Duus
Butt 與 Pipe 同義	"Sherry in butts" 14/9/1843 F. H. Tiedeman "Saunders Beer in Hhds and Butts" 23/7/1845 Humphreys & Co.
Leaguer=150 加侖	"Java Arrack in half Leaguers" 8/12/1842 Antonio Collaço
Pint=⅛ 加侖	"100 Cases very Superior Sherry in Pints" 7/7/1842 J. F. Hight "Champagne Pints & Quarts" 12/10/1843 C.W. Bowra
Quart= ¼ 加侖	"Allsopp's and Bass's Ales in pints and quarts" 5/10/1843 D. Wilson & Co. "Superior London Port in pint and quart bottles" 12/3/1844 M. Mc. Ewen
Gallon= 加侖	"1,000 Gallons Martell's Brandy, vintage 1844" 11/8/1847 Holmes & Bigham "3000 Gallons Manila Rum in Pipes" 27/10/1847 Drinker, Heyl & Co.

* 參照1851年版《現代葡萄酒歷史述評》附錄

Cyrus Redding: *A History and Description of Modern Wines*. London: Henry G. Bohn, 1851.

在十九世紀，不同產酒地區各有其沿用的容量單位，1851年版《現代葡萄酒歷史述評》就列出約150個不同的酒類容量單位。

《現代葡萄酒歷史述評》列出的酒類容量單位節錄（421-423頁）

慣用單位	採用之地區	換算為加侖 （Gallon）	換算為公升 （Litre）
Ahm	鹿特丹	9.993	151.380
Almude	葡萄牙波爾圖	6.731	25.48
Anker	哥本哈根	9.947	37.655
Antheil	匈牙利	13.35	50.534

Barrique	隆河	31.695	120
Barrique	波爾多	60.748	229.937
Barile	拿坡里	11.013	41.685
Barile	佛羅倫斯	12.042	45.584
Barile	羅馬	15.413	54.341
Both	德國	126	477.036
Botte	法國	112.519	426
Brenta	米蘭	18.865	71.405
Carga	巴塞隆納	32.695	123.756
Corba	博洛尼亞	19.493	73.782
Eimer	布拉格	16.95	64.167
Eimer	維也納	14.942	56.564
Eimer	俄羅斯	3.25	12.249
Fuder/ Stuckfass	德國	252	954.072
Gallon	英國	1	3.786
Gallon	法國	1.008	3.804
Gallon	愛爾蘭	0.942	3.565
Garniec	波蘭	0.419	1.59
Hectolitre	法國	26.419	100
Kanne	瑞典	0.691	2.615
Leager	印度、錫蘭	150	606.08
Litre	法國	3.786	-
Madida	巴西	0.7	2.651
Millerolle	馬賽	16.999	64.33
Ohm	史特拉斯堡	12.176	46.093
Pint	蘇格蘭	0.447	1.694
Quartant	勃艮第	27.161	102.822
Rubbio	都靈	2.48	9.389
Rubbio	尼斯	2.076	7.857
Secchio	威尼斯	2.853	10.8
Stekan	阿姆斯特丹	5.126	19.403
Vat	荷蘭	26.419	100
Vedro	俄羅斯	3.246	12.289
Viertal	哥本哈根	2.041	7.726
Viertal	法蘭克福	1.948	7.373
Velte	法國	2.017	7.609
Velte	波爾多	1.896	7.177

常用酒桶容量（節錄自 426 頁）

	舊加侖	英制加侖
里斯本酒桶（Pipe of Lisbon）	140	116.6354
砵酒酒桶（Pipe of Port）	138	114.96918
馬德拉酒桶（Pipe of Maderia）	110	91.6421
維東尼亞酒桶（Pipe of Vidonia）	120	99.9732
些利酒酒桶（Butt of Sherry）	120	99.9732
波爾多酒桶（Hoghead of Claret）	57	47.48727
萊茵河酒桶（Ahm, Rhenish）	36	29.99196
好望角酒桶（Ahm, Cape）	20	16.6622

1842至1845年香港進口食品摘錄

Examples of food & grocery items imported to Hong Kong during the period 1842-1845

以下資料抄錄自1842至1845年間《中國之友與香港公報》部份涉及食品的廣告，以展示開埠初期在市場流通的進口食品。分類方式為作者暫擬，未必與十九世紀中香港市場的習慣相符，尚希鑒諒。這段期間，香港進口糧食品種豐富，概要如下：

肉類有豬、牛、羊，個別廣告列明產地，如英國羊、愛爾蘭豬肉、威爾特郡煙肉、約克郡火腿。部份製品貯藏於桶裡，也有肉腸和牛脷以盒子裝盛。有商人售賣海軍牛肉、海軍豬肉和家庭用牛肉，未知軍用肉與家庭用肉有何分別？

海產有鱈魚乾、鯖魚乾、三文魚乾、煙鯡魚、經醃漬的三文魚、蝦和蠔等。

穀物和麵粉類有玉米粉、珍珠西米、洋薏米、蕎麥、蘇格蘭燕麥、美國麵粉、孟加拉米、拿坡里通心粉等。

調味料有百里香、鼠尾草、馬鬱蘭等乾香草，羅望子、甘草、胡椒、鹽、芥末、魚膠、番茄醬、蘑菇核桃醬、辣味醋、白酒醋、龍蒿醋、英國醋、薄荷香精、意大利橄欖油、法國橄欖和續隨子等。

乳製品有多款牛油和芝士，主要來自英國及荷蘭。

此外，在香港亦可找到進口蘋果乾、葡萄乾、辣味果仁、餅乾、酒餅乾、棗子、果醬、朱古力、南美洲橄欖。還有紅茶、綠茶、爪哇咖啡、梳打水粉劑、煙草、馬尼拉雪茄等。

廣告一般不標示貨品價格。與酒一樣，沒有生意人專營進口食品，大家都是雜貨商。

肉類

※ Concentrated Essence of Meat, in small tins, for Invalids (7/4/1842)

※ Yorkshire Hams (7/4/1842)

※ Prime Corned Humps, Rounds Briskets and Tongues, assorted, in kegs each containing 3 Briskets, 2 Rounds, 2 Humps and 6 Tongues. Spiced ditto, in ditto (7/4/1842)

※ English Hams, Tongues and Tripe (7/4/1842)

※ Navy Beef, in tierces. Navy Pork, in barrel (7/4/1842)

※ Superior Smoked Yorkshire Hams (12/5/1842)

※ Irish Pork in barrels, Cape Beef in tierces (11/8/1842)

※ Pine York and Westphalia Hams (29/12/1842)

※ Sausages in Boxes (8/6/1843)

※ Fine English Mutton (at one · half dollar per Pound) (27/7/1843)

※ Ox Tongues in Pickle, Rounds of Corned Beef (17/8/1843)

※ Leadenhall Ox Tongues (27/7/1843)

※ Wiltshire Bacon (27/7/1843)

※ Beef steak (16/1/1844)

※ American Beef (16/1/1844)

※ Jerked Beef (12/3/1844)

※ Neat's Tongues (2/4/1844)

※ Roast Veal dressed with Green Peas (22/6/1844)

※ Roast Mutton (22/6/1844)

※ Partridges, aux Olives (22/6/1844)

※ Woodcock, aux Trufes (22/6/1844)

※ Snipe, aux Trufes (22/6/1844)

※ Larks aux Choux (22/6/1844)

※ French Preserved Meats (22/6/1844)

※ Choice Beef tongues in convenient packages (31/5/1845)

※ Cumberland Hams (31/5/1845)

※ Bellona Sausages in Tins (31/5/1845)

※ Bologna Sausages (31/5/1845)

※ Family Beef (10/12/1845)

穀物、麵粉

※ Superfine American flour (31/3/1842)

※ Fine Table Rice (7/4/1842)

※ Fine Cape Flour, Kiln dried (7/4/1842)

※ Tapioca, in tins(7/4/1842)

※ Pearl Barley in tins (7/4/1842)

※ Pearl Sago in tins (7/4/1842)

※ Robinson's prepared Groats, in tins. Do. Patent Barley in tins (7/4/1842)

※ Scotch Oatmeal in tins (7/4/1842)

※ Speed's Arrow Root in tins (7/4/1842)

※ Bengal Moonghy Rice and Dholl (29/12/1842)

※ Preserved Soups (12/3/1844)

※ Fine Midlothian Oat Meal in tins (12/3/1844)

※ Soups a la Julienne; Green Peas, in tin (22/6/1844)

※ English Soup (3/7/1844)

※ Buckwheat (29/3/1845)

※ Naples Macaroni (27/7/1843)

※ American Oats (23/7/1845)

※ Corn Meal (10/12/1845)

海產

※ Pickled Salmon, do. Herrings (31/3/1842)

※ Sardine, Anchovies, Yarmouth Bloaters, Smoked Herrings (7/4/1842)

※ Salt Salmon (7/7/1842)

※ Salted Mackerel in kegs (29/12/1842)

※ Dry Codfish and Haddocks in Drums (2/3/1843)

※ Essence of Anchovies (16/1/1844)

※ Salmon Grouse (12/3/1844)

※ Fresh Sardines, Fresh Salmon (20/4/1844)

※ Preserved Oysters & Shrimps (31/5/1845)

水果、果醬、糖果、餅乾

※ Dried Apples (31/3/1842)

※ Jujubes (7/4/1842)

※ Zante Currants (7/4/1842)

※ Preserved Cherries (7/4/1842)

※ Fancy dry Biscuits in tins (7/4/1842)

※ Cabin Biscuits in tins (7/4/1842)

※ Wine Biscuits in tins (7/4/1842)

※ Spice Nuts in tin (7/4/1842)

※ Sir Hans Sloane's Chocolate (7/4/1842)

※ Jams and Jellies (7/4/1842)

※ Orange and Lemon Peel (7/4/1842)

※ Bloom Raisins (7/4/1842)

※ Best and Second Cabin Breads in air tight Puncheons (28/4/1842)

※ Carr's well known fancy Biscuits (28/4/1842)

※ Bottled Fruits (8/6/1843)

※ Jordan Almonds (27/7/1843)

※ Cabin Biscuits, Tins of 56 lbs. (17/8/1843)

※ Gooseberry, Strawberry, Raspberry, Green Gage and Black Currant Jams (16/1/1844)

※ Raspberries, Damsons, Red and Black Currants, Green Gages, Gooseberries and Kentish and Morrells Cherries for Tarts (16/1/1844)

※ Fresh plums in Cannisters (12/3/1844)

※ Malaga Raisins (9/11/1844)

※ Wine and Soda Biscuits (29/3/1845)

※ Fine Chocolates in tins (31/5/1845)

※ South America Olives, in Kegs (23/7/1845)

※ Tins of Normandy Pippins (29/3/1845)

香料、調味料、烹調配料

※ Isinglass (7/4/1842)

※ Liquorice (7/4/1842)

※ Ketchup (7/4/1842)

※ Mushroom and Walnut Ketchups (16/1/1844)

※ Lucca Oil (7/4/1842)

※ English Vinegar (7/4/1842)

※ Fine Salt (7/4/1842)

※ Chili Vinegar (7/4/1842)

※ Durham Mustard (7/4/1842)

※ Assorted Sauce (7/4/1842)

※ Pastry Suet (7/4/1842)

※ Essence of Peppermint (7/4/1842)

※ Lavender Water (7/4/1842)

※ Fine Mustard in Cases (28/4/1842)

※ Superior brown Mustard in Jars (28/4/1842)

※ Coconut oil (8/6/1843)

※ Olive oil (8/6/1843)

※ Salad Oil (17/8/1843)

※ White wine vinegar (27/7/1843)

※ Chili, Tarragon, Garlic and Eschlate vinegar (27/7/1843))

※ Raspberry and Tarragon Vinegar (16/1/1844)

※ Durham mustard in one and half lb. bottles (16/1/1844)

※ French Olives and Capers (16/1/1844)

※ Table Salt in Jars (31/5/1845)

※ Preston Salts (31/5/1845)

※ South America Olives, in Kegs (23/7/1845)

※ Currie Powder (12/3/1844)

※ Curry Stuff, Khut, Pepper (12/6/1844)

※ Dholl & Ghee (19/3/1845)

※ Assortment of dried herbs viz, Thyme, Marjoram, Sage and Summer Savory (31/5/1845)

※ Tamarinds (19/7/1845)

咖啡、茶

※ Essence of Mocha Coffee (7/4/1842)

※ Essence Jamaica Ginger (7/4/1842)

※ Soda Water Powders (7/4/1842)

※ Dutch Java Coffee (7/7/1842)

※ Java Coffee in bags (8/12/1842)

※ Superior Hyson, in whole chests (8/6/1843)

※ Black and Green Teas (12/3/1844)

※ Bally Coffee (19/7/1845)

香煙

※ Negro head Tobacco (7/4/1842)

※ Sandoway Imitation Havanah Cigars (7/4/1842)

※ No.4 superior Manila Cigars (27/4/1843)

※ Tobacco, Cheroots and Stockholm Tar (28/4/1842)

※ Tabacco, Negrohead and Cavendish (8/12/1842)

※ Havannah Cigars, in quarter boxes (27/7/1843)

※ Bally Leaf Tobacco (19/7/1845)

※ Shag Tobacco in barrels (8/6/1843)

乳製品

※ Loaf and Pine Cheese (7/4/1842)

※ Brick and Truckle Wiltshire Cheeses packed in lead and stowed in salt (28/4/1842)

※ Butter in Firkins (8/6/1843)

※ English Butter (16/1/1844)

※ Irish Butter in small jars (3/7/1844)

※ Dutch Butter (20/4/1844)

※ English and Dutch Cheese (29/3/1845)

※ Berkley Cheese Butter in Jars (31/5/1845)

※ Pineapple Cheese (9/8/1845)

※ Dorset Butter in 1 lb. (29/3/1845)

※ Cheshire Cheese $0.25 per lb. (19/7/1845)

※ Cork Butter in jars (31/5/1845)

※ Goshen Butter (9/8/1845)

※ American Butter (29/3/1845)

1850年中央市場51號的食品價目表

Product list of No.51 Central Market in 1850

在中央市場51號營生的雜貨商 Affo（阿富／阿福），在1850年3月14日的《中國郵報》刊登其貨品價格。阿富在廣告上說希望歐洲居民能光顧，他的伙計每天早上可到客人家接訂貨單，客戶只須於每個月第一天清付賬款。價格表詳列了近60款的食品種類及價錢，是探討十九世紀中香港飲食文化的重要資料。

牛腰脊（Loin）	每斤10仙
牛扒（Steak）	每斤10仙
牛腱（Shin）	每斤6仙
煮湯用牛肉	每斤8仙
牛尾	每條8仙
牛舌	每條20仙
南京火腿	每斤25仙
廣西火腿	每斤22仙
羊肉塊（Mutton chop）	每斤28仙
羊腿	每斤28仙
羊肩	每斤22仙
山羊頭（Sheep）	每個36仙
豬肉塊	每斤10仙
瘦肉	每斤11仙
豬腳	每斤8仙
豬腿	每斤10仙

豬油（Lard）	每斤10仙
大騸雞（Capon）	每斤16仙
細騸雞	每斤15仙
鴨	每斤11仙
雞	每斤12仙
山雞（Pheasant）	每隻150仙
野鴨（Wild duck）	每隻30仙
水鴨（Teal）	每隻15仙
鷓鴣（Partridge）	每隻22仙
鵪鶉（Quail）	每隻5仙
鵝	每斤10仙
鴿	每隻12仙
火雞	每斤40仙
雞蛋	每打8仙
鴨蛋	每打11仙
鹹蛋	每打10仙
牛油	每磅80仙
蟹	每斤10仙
淡水小龍蝦	每斤6仙
一級鮮魚	每斤8仙
二級鮮魚	每斤6仙
三級鮮魚	每斤4仙
一級鹹魚	每斤7仙
二級鹹魚	每斤5仙
三級鹹魚	每斤3仙
蠔	每斤10仙
蝦	每斤8仙
杏仁	每斤25仙
藕	每斤8仙
英國大麥（Barley）	每斤20仙
中國大麥	每斤5仙
蕎麥（Cocoes）	每擔75仙
一級麵粉	每斤5仙
二級麵粉	每斤4仙
薑	每斤4仙
通心粉	每斤12仙
孟買洋蔥	每斤12仙

中國洋蔥	每斤4仙
大薯仔	每斤4仙
細薯仔	每斤3仙
番薯	每擔75仙
中國葡萄乾	每斤25仙
精緻米	每斤4仙
優質中國米	每斤3仙
二級中國米	每擔250仙
普通級中國米	每擔220仙
西米	每斤7仙
一級糖	每斤8仙
二級糖	每斤7仙
三級糖	每斤6仙
普通級糖	每斤4仙
冰糖	每斤8仙
中國蠟燭	每斤10仙
炭	每擔75仙
柴	每擔22仙
油（24斤瓶罐）	每瓶160仙
芡粉	每斤8仙
米糠	每擔130仙
稻（Paddy）	每擔140仙

香港洋酒文化筆記 一八四一 ── 一八五一
Notes on Hong Kong Wine Culture 1841-1851

責任編輯	寧礎鋒
書籍設計	麥綮桁
作者	王漢明

出版	三聯書店（香港）有限公司
	香港北角英皇道四九九號北角工業大廈二十樓
	JOINT PUBLISHING (H.K.) CO., LTD.
	20/F., North Point Industrial Building, 499 King's Road, North Point, Hong Kong
香港發行	香港聯合書刊物流有限公司
	香港新界大埔汀麗路三十六號三字樓
印刷	美雅印刷製本有限公司
	香港九龍觀塘榮業街六號四樓A室
版次	二〇一八年一月香港第一版第一次印刷
規格	特十六開（150mm×210mm）二八八面
國際書號	ISBN 978-962-04-4293-3

紙張提供	大德竹尾花紙 TAI TAK TAKEO FINE PAPER
	內文用紙──TABLO 76gsm

三聯書店
http://jointpublishing.com

JPBooks.Plus
http://jpbooks.plus